U0318124

重庆气候变化评估报告

主　编：程炳岩
副主编：张天宇　李永华　何永坤

气象出版社
China Meteorological Press

内 容 简 介

本书基于重庆地区丰富的气象观测资料和农业、水资源、能源等多领域的气候变化影响评估信息以及全球气候模式和区域气候模式模拟资料,参阅了大量的科学文献研究结果,全面分析了重庆基本气候要素、极端天气气候事件变化事实和规律以及气候变化的成因;对 21 世纪重庆区域气候变化趋势做出预估,开展了气候变化对重庆地区农业、水资源、能源等不同领域的影响及其适应对策研究,并分析了气候变化评估存在的不确定因素。

本书可供生态、农业、水利、环境、能源等部门的管理、业务科研人员及相关专业的院校师生参考使用。

图书在版编目(CIP)数据

重庆气候变化评估报告 / 程炳岩主编. — 北京 ：
气象出版社,2019.11
    ISBN 978-7-5029-7072-7

Ⅰ.①重…　Ⅱ.①程…　Ⅲ.①气候变化-评估-研究
报告-重庆　Ⅳ.①P468.271.9

中国版本图书馆 CIP 数据核字(2019)第 235316 号

重庆气候变化评估报告

出版发行:气象出版社				
地　　址:北京市海淀区中关村南大街 46 号		**邮政编码**:100081	
电　　话:010-68407112(总编室)　010-68408042(发行部)				
网　　址:http://www.qxcbs.com		**E-mail**:qxcbs@cma.gov.cn	
责任编辑:陈　红		**终　　审**:吴晓鹏	
责任校对:王丽梅		**责任技编**:赵相宁	
封面设计:博雅思企划				
印　　刷:北京建宏印刷有限公司				
开　　本:787 mm×1092 mm　1/16		**印　　张**:8	
字　　数:202 千字				
版　　次:2019 年 11 月第 1 版		**印　　次**:2019 年 11 月第 1 次印刷	
定　　价:60.00 元				

前　言

地球气候始终处于不断的波动变化之中,以不同时间尺度的冷暖、干湿转折变化为特征。当代全球气候变化总体上呈显著的增暖趋势,但在不同区域因自然环境因素影响的特殊性,各区域气候变化的表现不尽相同。我国地域辽阔,气候多样,不同区域的地理环境、气候特征、经济发展水平等差异显著,气候变化对各区域的影响也不尽相同。

气候变化引起西南地区干旱、洪涝灾害频次增多,程度加重,山地灾害的发生呈现出点多、面广、规模大、成灾快、发生频率高、持续时间长等特点,该地区山地灾害占全国同类灾害的30％～40％。随着全球变暖,重庆地区极端气候事件频繁出现,气象灾害增多、影响加重。气象灾害对经济社会和人民生命财产造成的损失呈增加趋势,经济社会可持续发展面临气候变化的严峻挑战。认识区域气候变化规律、识别气候变化的影响、开发适应和减缓气候变化的技术、制定妥善应对区域气候变化的政策措施迫在眉睫。

《重庆气候变化评估报告》的编制,是为了满足新形势下重庆地区应对气候变化的需要,为重庆应对气候变化相关政策的制定提供坚实的科学依据和切实支撑。《重庆气候变化评估报告》立足本地气候特点,力求全面、系统揭示重庆局地气候变化的特点,评估气候变化对重庆主要领域或敏感行业的影响。主要解答与重庆气候变化相关的以下几个方面的重要科学问题:(1)全球气候变化背景下,重庆气候变化的主要特征;(2)城市化下垫面改变对重庆气候变化的影响;(3)全球气候模式以及区域气候模式对重庆气候的模拟能力;(4)区域气候变化分析中的不确定性评价;(5)气候变化对重庆多领域多行业的影响。

《重庆气候变化评估报告》共分8章,程炳岩通纂了全书,张天宇、李永华、何永坤承担了初稿编撰的组织与技术把关。各章执笔如下:

第1章 重庆基本气候要素变化事实
牵头人:王勇　　参与人:周杰、王颖、王若瑜
第2章 重庆极端天气气候事件变化
牵头人:郭渠　　参与人:董新宁、魏麟骁、杨琴
第3章 重庆气候变化主要原因分析
牵头人:白莹莹　　参与人:程炳岩、李永华
第4章 重庆未来气候的可能变化
牵头人:孙佳　　参与人:程炳岩、胡祖恒
第5章 气候变化对重庆农业的影响与适应
牵头人:何永坤　　参与人:王勇、张建平、范莉、阳园燕
第6章 气候变化对重庆水资源的影响与适应
牵头人:张天宇　　参与人:张驰、刘波

第 7 章 气候变化对重庆能源的影响与适应

牵头人:康俊　　　参与人:李永华、柴闯闯、张天宇

第 8 章 重庆气候变化评估不确定性分析

牵头人:张天宇　李永华　　　参与人:雷婷

附录 重要概念

牵头人:孙佳　　　参与人:张天宇

本报告由 2013 年中国气象局气候变化专项和 2013 年重庆市气象局重点业务建设项目共同资助。重庆市气候中心牵头组织,重庆市气象科学研究所、重庆舍特气象应用研究所技术协作支持完成。中国气象局及兄弟省(市)的专家张强、吴统文、姜彤、徐影、高荣、沈学顺、陈鲜艳、邹旭恺、马振峰、朱勇、姜创业、朱业玉等给予了技术指导,在此深表感谢。

本报告是重庆气候变化影响评估的阶段性成果,由于涉及面较广,尤其是气候变化影响评估存在不确定性和复杂性,个别行业影响评估研究的积累较少,相关研究仍较为薄弱,不足之处在所难免,恳请广大读者批评指正,以便在后续的报告中加以改进。

编者

2019 年 7 月

目　录

第 1 章　重庆基本气候要素变化事实

摘　要：本章利用 1961—2015 年的气象资料，主要分析了重庆市气温、降水、日照、湿度、风速等气候要素的变化趋势。结果表明：

近百年，重庆主城区年平均气温呈上升趋势，增温速率为每 100 年 0.1 ℃，经历了明显的"暖—冷—暖"阶段性变化，1924—1948 年为偏暖阶段，1949—1996 年气温以偏低为主，1997 年后进入另一个偏暖阶段。重庆主城区年降水量以 46.4 mm/100a 速度增加，大致经历了 6 个阶段：20 世纪初期以前的为相对少雨阶段，其后至 30 年代初期为相对多雨阶段，30 年代中期至 70 年代中期为相对少雨阶段，70 年代中后期至 90 年代末期为相对多雨阶段，21 世纪前 10 年为相对少雨阶段，2011—2015 年为相对多雨阶段。

近 55 年，重庆年平均气温以 0.09 ℃/10a 增高，主要经历了明显的暖—冷—暖阶段性变化；年平均最高、最低气温均呈增加趋势，气温年较差呈减小趋势。年降水量呈弱的减少趋势，20 世纪 80 年代中期以来降水偏少年份有所增多；年降水日数呈减少趋势，降水强度呈增强趋势，1995 年后波动幅度有所增大；大雨开始期略有提前；年日照时数呈明显下降趋势，20 世纪 80 年代以来下降最为迅速。年平均相对湿度呈下降趋势，20 世纪 60—70 年代偏低，80—90 年代偏高，2000 年后又明显偏低。平均风速呈现线性减小趋势。

1.1　资料与处理

1.1.1　地理环境

重庆市地处川渝盆地东南丘陵山地、长江上游地区，地跨东经 $105°11'\sim110°11'$、北纬 $28°10'\sim32°13'$ 之间的青藏高原与长江中下游平原的过渡地带。辖区东西长 470 km，南北宽 450 km，辖区总面积 8.24 万 km²（图 1-1）。属我国陆地地势第二级阶梯，市域内存在新华夏构造体系的渝东南川鄂湘黔隆褶带、渝西川中褶带、渝中川东褶带、经向构造的渝南川黔南北构造带和渝东北大巴山弧形褶皱断裂带，各构造体系不同的岩层组合，差异性很大的构造特征和发生、发育规律，塑造了复杂多样的地形地貌形态。

重庆市地势起伏大，层状地貌明显。就地势而言，全市最低点在巫山县碚石村鱼溪口，海拔 73.1 m；最高点为巫溪、巫山和湖北神农三县交界的阴条岭，海拔 2797 m，相对高差

2723.9 m。东部、东南部和南部地势高,多在海拔 1500 m 以上;西部地势低,大多为海拔
300~400 m 的丘陵。地貌类型复杂多样,以山地、丘陵为主。全市地貌类型分中山、低山、高
丘陵、中丘陵、低丘陵、缓丘陵、台地、平坝 8 大类,其中山地(中山和低山)面积 6.24 万 km²,占
辖区面积 75.8%;丘陵面积近 1.5 万 km²,占 18.2%;平地平坝面积 0.5 万 km²,占 6%。

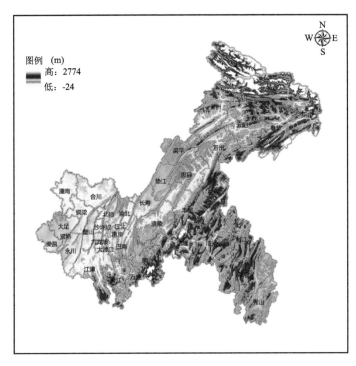

图 1-1 重庆市地形分布图

1.1.2 气候特征

重庆属东亚内陆季风区,由于冬季受东北季风控制,夏季受西南季风影响,加之盆地周围
山脉阻挡,地形起伏,植被分布不均,形成独特的气候特点:冬暖春旱,夏热秋雨,四季分明;降
水丰沛,空气湿润,雨热同季;日照少,多云雾,少霜雪;立体气候明显,气候资源丰富,气象灾害
频繁。长江、嘉陵江、乌江等河谷地带海拔较低,地形闭塞,是重庆的高温区,年平均气温
16.6~18.6 ℃,冬季极端最低气温多在 0 ℃以上,少霜雪,夏季极端最高气温在 40 ℃左右,多
酷暑。东北部、东南部山区海拔较高,空气流畅,气温相对较低,年平均气温在 13.7~16.5 ℃,
冬季极端最低气温-5 ℃左右,霜雪较多,夏季极端最高气温 38 ℃左右,气候温和。重庆年降
水量自东南向西北逐渐减少,山地一般多于平坝河谷,东部地区年总降水量 1050~1350 mm,
西部地区 1000 mm 左右,夏秋两季降水量占年降水总量的 70%左右,冬季降水量少。重庆年
平均日照时数 1000~1400 h,是全国日照最少的地区之一,年平均相对湿度 79%左右。

1.1.3 台站资料处理

重庆气候变化事实检测,以境内国家级地面气象观测的资料为基础。至目前境内有基本
气象要素自动化观测的国家级地面站 35 个(图 1-2),包括国家基准气候站 1 个(酉阳)、国家基

本气象站 11 个（綦江、黔江、丰都、长寿、江津、沙坪坝、合川、大足、万州、梁平、奉节）、国家一般气象站 23 个（秀山、彭水、武隆、涪陵、南川、巴南、璧山、渝北、北碚、铜梁、万盛、永川、荣昌、石柱、忠县、天城、垫江、潼南、巫山、巫溪、云阳、开州、城口）。

图 1-2　重庆市国家地面气象观测站分布图

　　重庆境内大部分国家地面气象观测站在建成后都有过搬迁历史，主要原因有：一是三峡工程建设，库区沿岸丰都、云阳、开县、奉节、巫山地面气象观测站进行了搬迁；二是由于城镇化建设，2010 年后，酉阳、秀山、黔江、彭水、武隆、綦江、万盛、巴南、铜梁、潼南、涪陵、巫山原处于郊区的气象站被城区包围，观测环境变差而被迫搬迁。站址搬迁观测环境变化，对气温、风速资料序列的均一性影响最大，而对降水、日照、湿度等要素资料序列均一性的影响相对较小。

　　气候资料序列非均一性检查和订正，目前对温度的订正技术比较成熟。所以这次重庆气候变化事实分析，对气温资料进行了订正处理，其他资料没有进行订正处理。同时考虑到境内多数气象观测站建于 1951 年后，而在 1961 年以后的资料数据比较完整，因此，选取 1961—2015 年的资料来分析各气候要素的变化，用 1981—2010 年平均值代表气候平均值（亦称常年值）。主城区百年气候变化事实分析，采用沙坪坝站 1892—2015 年降水资料和 1924—2015 年气温资料。

1.2　平均气温

1.2.1　主城近 100 年气温变化

1.2.1.1　年平均气温

　　利用重庆沙坪坝站（1924—2015 年）气温资料来分析主城区气温变化的情况。图 1-3 是沙坪坝站年平均气温距平及其线性趋势、多项式拟合曲线，距平是相对 1981—2010 年的平均值（18.4 ℃）。由图可见，(1) 主城区 1924—2015 年年平均气温变化的总体趋势是上升的，上升速率为每 100 年 0.1 ℃。(2) 近 90 余年来年平均气温变化经历了明显的暖—冷—暖阶段性变化,1924—1948年为一偏暖阶段,气温以偏高为主;1949年气温变化出现转折进入偏冷阶段,1949—1996年气温以偏低为主;1997年年平均气温变化又一次出现转折,进入另一个偏暖阶段,1997—2015年年平均气温均值为18.9 ℃,超出平均值0.5 ℃。(3)异常偏暖的年份出现在20世纪40年代和21世纪初,2013年年平均气温为19.9 ℃,为历年最暖年;次暖年2015年和1946年,分别为19.6 ℃和19.5 ℃。异常偏冷年份出现在1949—1997年,1950年年平均气温17.6 ℃,为历年最冷年;1968年、1976年、1982年、1989年和1996年年平均气温同为17.7 ℃,为次冷年。

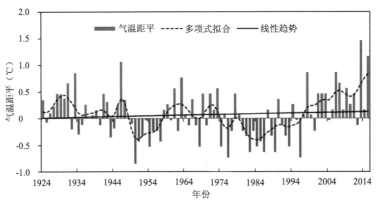

图 1-3　1924—2015年重庆沙坪坝站年平均气温距平(相对于1981—2010年)及变化趋势

1.2.1.2　四季平均气温

图1-4为重庆市主城区沙坪坝站(1924—2015年)四季平均气温距平及其线性趋势、多项式拟合曲线。主城区近90余年除冬季为下降趋势外,其他季节气温变化都是上升的。秋季气温上升速率较大,为0.3 ℃/100a,春季次之,上升速率为0.1 ℃/100a,夏季最小,上升速率为0.03 ℃/100a,而冬季呈弱的下降趋势,降温率为-0.2 ℃/100a。各季温度变化也都具有明显的阶段性,但阶段的起止时间和温度变化程度有所不同。

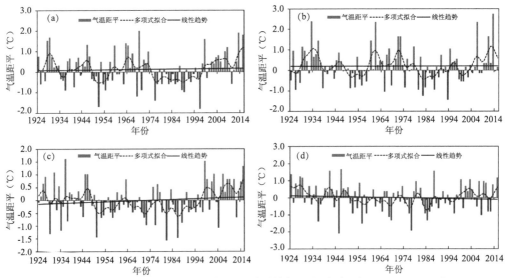

图 1-4　1924—2015年重庆沙坪坝站四季平均气温距平(相对于1981—2010年)

及变化趋势(a.春季;b.夏季;c.秋季;d.冬季)

春季气温变化,从 20 世纪 20 年代中期到 60 年代末期为相对偏暖阶段,70 年代初到 90 年代中期为相对偏冷阶段,90 年代中后期至 2015 年又为相对偏暖阶段。

夏季气温变化,从 20 世纪 20 年代中期到 30 年代中后期为一偏暖阶段,30 年代中期后表现为下降趋势,到了 50 年代中期后转为弱的上升趋势,70 年代前期又转为下降趋势,90 年代中前期开始至 2015 年为较强的上升趋势。

秋季气温变化,从 20 世纪 20 年代中期到 50 年代初以偏暖为主,50 年代初到 90 年代中期以偏冷为主,90 年代中期到 2015 年又以偏暖为主。

冬季气温变化,冬季气温在 20 世纪 20 年代中期到 50 年代中前期以偏暖为主,50 年代中期到 90 年代前期以偏冷为主,90 年代中期到 2015 年又以偏暖为主。

1.2.2　近 55 年气温变化

1.2.2.1　平均气温

从年平均气温变化来看(图 1-5),近 55 年重庆年平均气温的线性趋势为 0.09 ℃/10a,低于全国平均升温率的 0.22 ℃/10a(《气候变化国家评估报告》编写委员会,2007),主要经历了明显的暖—冷—暖阶段性变化,在 20 世纪 60—70 年代处于偏暖期,而 80 年代到 90 年代中期处于偏冷期,90 年代中后期以来又处于偏暖期。

重庆市 20 世纪 90 年代中后期至今出现的显著增暖现象与三峡库区和西南地区的增暖在时间上是一致的,滞后于我国 1986 年前后开始的普遍增温(林学椿 等,1995);说明重庆市气温变化与全球及全国气候变暖存在非同步性。《第二次气候变化国家评估报告》(《第二次气候变化国家评估报告》编写委员会,2011)表明 20 世纪 90 年代和 21 世纪前 10 年都属于全国最暖的 10 年,而 20 世纪 90 年代在重庆显然不属于偏暖时期,说明重庆 90 年代的增暖明显滞后于全国增暖。2006 年重庆遭遇百年不遇的高温干旱,出现了近 55 以来年平均气温的最高值,而全国平均气温最高的年份出现在 2007 年(中国气象局,2012)。

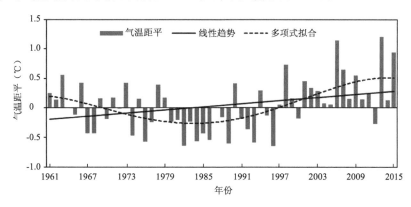

图 1-5　1961—2015 年重庆均一性站点年平均气温距平
(相对于 1981—2010 年)及其变化趋势

图 1-6 为 1961—2015 年重庆市年平均气温的变化趋势空间分布,中部与东北部的局部地区为弱的下降趋势,其余的绝大部分地区气温都呈上升趋势,尤其是东南部山区的上升速率在 0.10 ℃/10a 以上,上升趋势比较明显。

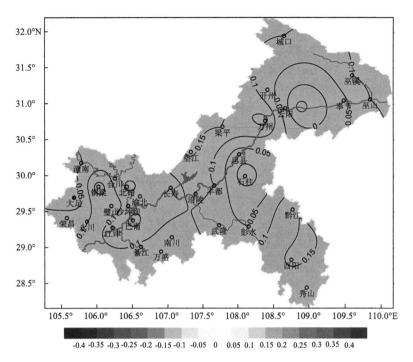

图 1-6　1961—2015 年重庆年平均气温变化趋势的空间分布（℃/10a）

1.2.2.2　四季平均气温

重庆市四季的平均气温变化存在一定差异。图 1-7 给出了四季平均气温距平及 1961—2015 年的线性趋势。从线性趋势来看，近 55 年来，除了夏季平均气温整体呈下降趋势外，其他三个季节的平均气温都呈上升趋势，尤其是秋季和冬季平均气温上升比较明显，速率分别为 0.15 ℃/10a 和 0.12 ℃/10a。从逐年代变化来看，20 世纪 60 年代春、夏季偏高，秋季略偏低，冬季偏低。20 世纪 70 年代除夏季偏高外，其他各季偏低。20 世纪 80 年代四季气温都偏低。

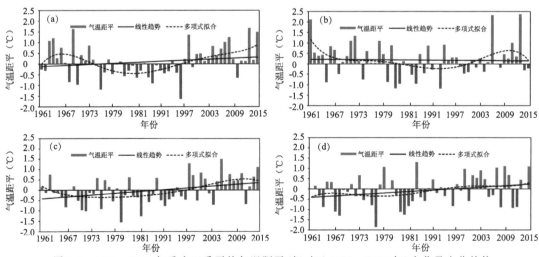

图 1-7　1961—2015 年重庆四季平均气温距平（相对于 1981—2010 年）变化及变化趋势

（a. 春季；b. 夏季；c. 秋季；d. 冬季）

20 世纪 90 年代除冬季略偏暖外,其他季节气温都偏低,说明冬季增暖时间较其他季节提前。2000 年后四季气温都明显偏高。

　　总体来看,重庆大部地区除夏季呈降温趋势外,其余季节平均气温呈上升趋势,秋季和冬季上升趋势更为显著。空间分布上看,东南部地区升温速率略大。春季大部地区呈上升趋势,东南部地区较为明显,西北部、中部部分地区为弱的下降趋势。夏季大部地区为弱的变冷趋势,东南部为升温趋势。秋季整个重庆市都为升温趋势,西部升温最明显,增温率在 0.15 ℃/10a 以上。冬季西部的局部地区变冷,其余大部地区呈增温趋势(图 1-8)。

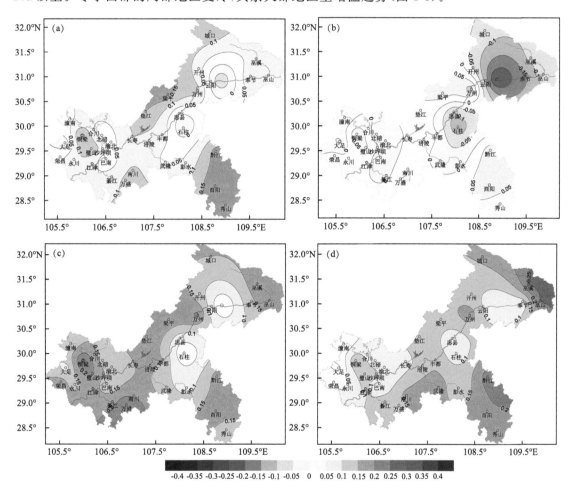

图 1-8　1961—2015 年重庆四季平均气温变化趋势的空间分布(℃/10a)
(a. 春季;b. 夏季;c. 秋季;d. 冬季)

1.3　平均最高气温

1.3.1　年平均最高气温

　　图 1-9 是 1961—2015 年重庆市年平均最高气温距平变化,年平均最高气温整体上呈上升

趋势,上升速率为 0.13 ℃/10a,近 55 年上升了 0.72 ℃。在年代际变化上,经历了先降后升的过程,年平均最高气温在 20 世纪 60 年代偏高,60 年代到 70 年代呈明显的下降趋势,80 年代到 90 年代偏低,90 年代以后呈明显的上升趋势,1997—2015 年的 19 年中有 17 年高于常年值。近 55 年年平均气温最高值出现在 2013 年 23.8 ℃,比常年高出 2.0 ℃。

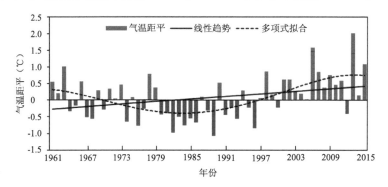

图 1-9　1961—2015 年重庆年平均最高气温距平
(相对于 1981—2010 年)及其变化趋势

图 1-10 为 1961—2015 年重庆市年平均最高气温的变化趋势空间分布,可以看出,除云阳略呈下降趋势外,其余地区均呈上升趋势,其中东部增加速率大多超过 0.15 ℃/10a,部分地区超过 0.20 ℃/10a,上升趋势明显。

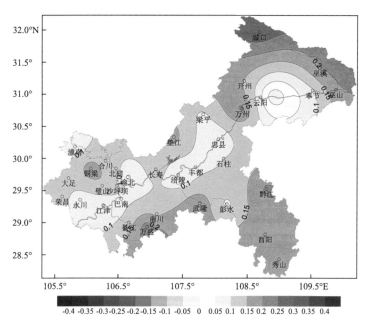

图 1-10　1961—2015 年重庆年平均最高气温变化趋势的空间分布(℃/10a)

1.3.2　四季平均最高气温

1961—2015 年,重庆市四季平均最高气温(图 1-11)与年平均最高气温变化比较类似,都经历了先降后升的过程,在 2000 年后进入明显的偏暖期,但也各有特点。春季先后经历了

"暖—冷—暖"的变化过程。20 世纪 60 年代到 70 年代初为偏暖阶段,70 年代初到 90 年代末为明显偏冷阶段,从 2000—2015 年转变为明显的偏暖阶段,且偏暖程度比 20 世纪 60—70 年代增大。同样,夏季也经历了"暖—冷—暖"三个阶段的变化。与春季相比,不同点在于由暖变冷的时间点不同,夏季是在 20 世纪 80 年代初以后开始偏低。秋季在 20 世纪 60—90 年代持续偏低,冬季在 20 世纪 60 年代偏高不明显。从四季平均最高气温的整体变化趋势看,夏季变化趋势不明显;春、秋季和冬季都呈上升趋势,其中秋季上升趋势最明显,上升速率为0.20 ℃/10a。

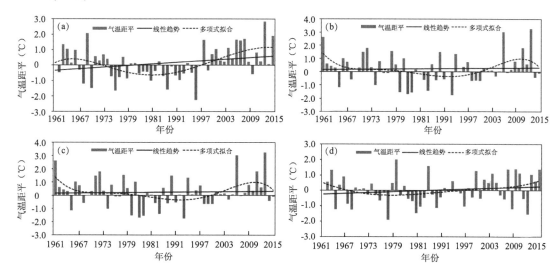

图 1-11　1961—2015 年重庆四季平均最高气温距平(相对于 1981—2010 年)变化
(a. 春季;b. 夏季;c. 秋季;d. 冬季)

　　由重庆四季的平均最高气温变化趋势的空间分布(图 1-12)可以看出,春季和秋季变化趋势空间分布较相似,呈上升趋势,尤其是在东北北部和东南地区上升趋势更加明显。夏季大部地区呈上升趋势,而沿长江一线的奉节、忠县、涪陵、江津等地为下降趋势。冬季除云阳、渝北、永川和潼南为下降趋势外,其余地区均呈现上升趋势。总的来说,春季和秋季平均最高气温的上升趋势明显高于夏季和冬季。

1.4　平均最低气温

1.4.1　年平均最低气温

　　图 1-13 是 1961—2015 年重庆市年平均最低气温距平变化,相对于年平均气温和年平均最高气温的变化,年平均最低气温在 20 世纪 60—70 年代没有明显的下降趋势,整体上升趋势更为明显,速率为 0.14 ℃/10a。上升过程从 20 世纪 90 年代开始有加快趋势,近 55 年最高值出现在 2015 年,年平均最低气温 15.5 ℃,比常年偏高 0.9 ℃。

　　图 1-14 为 1961—2015 年重庆市年平均最低气温的变化趋势空间分布,可以看出,整个重庆市的年平均最低气温均呈现上升趋势,尤其是东南部、中部与西南部地区的上升趋势比较明显。

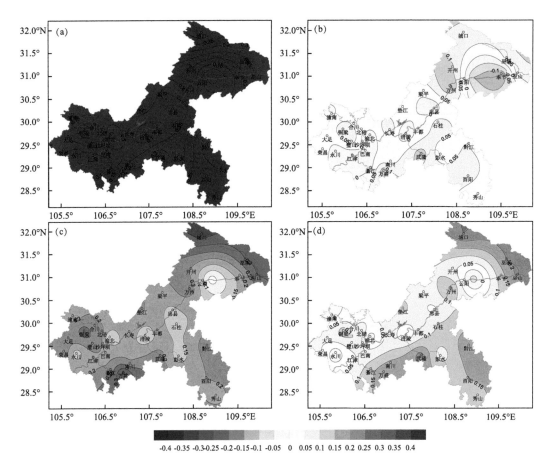

图 1-12　1961—2015 年重庆年四季平均最高气温变化趋势的空间分布（℃/10a）

（a. 春季；b. 夏季；c. 秋季；d. 冬季）

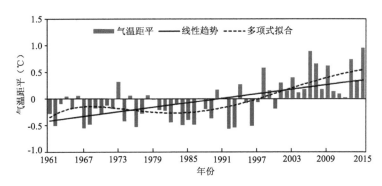

图 1-13　1961—2015 年重庆年平均最低气温距平

（相对于 1981—2010 年）及其变化趋势

1.4.2　四季平均最低气温

1961—2015 年，重庆市四季平均最低气温都呈上升趋势（图 1-15），其中冬季上升趋势最明显，速率达 0.19 ℃/10a；秋季次之，上升速率为 0.17 ℃/10a；春季和夏季的上升趋势较小，

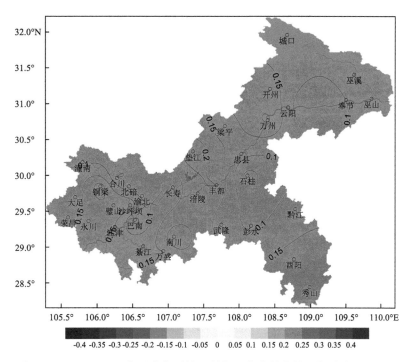

图 1-14　1961—2015 年重庆年平均最低气温变化趋势的空间分布（℃/10a）

速率分别为 0.11 ℃/10a 和 0.08 ℃/10a。其中春、夏、秋季的平均最低气温也都经历了先降后升的过程，只有冬季平均最低气温呈单调上升趋势，且上升速率最大。

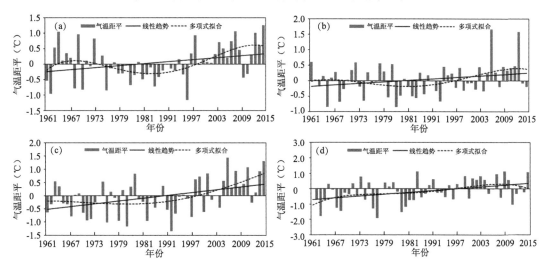

图 1-15　1961—2015 年重庆四季平均最低气温距平（相对于 1981—2010 年）变化
（a. 春季；b. 夏季；c. 秋季；d. 冬季）

　　由重庆市四季平均最低气温变化趋势的空间分布可以看出（图 1-16），春季，除了石柱和巴南等地年平均最低气温为下降趋势外，其余地区均呈上升趋势，尤其在中部和西部地区上升趋势更为明显。夏季，年平均最低气温在东北部和石柱为下降趋势，其余地区为上升趋势，也是在中部和西部地区上升趋势较为明显。秋季和冬季,整个重庆市的年平均最低气温均呈现上升趋势,其中秋季上升趋势明显的地区主要位于东北部、中部和西北地区,冬季上升趋势明显的地区主要位于东北部、东南部局部地区以及中部局部地区,上升速率在 0.25 ℃/10a 以上,局部地区达到 0.30 ℃/10a 以上。

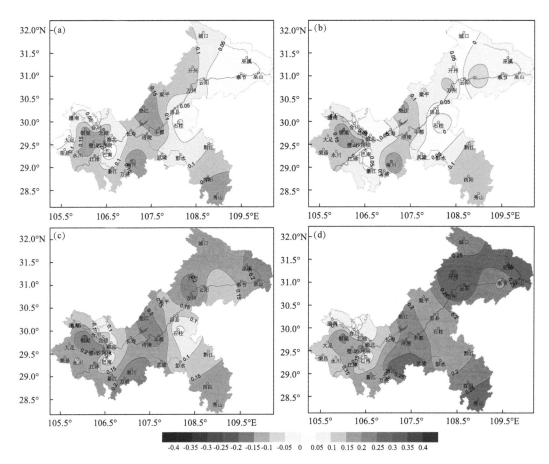

图 1-16   1961—2015 年重庆四季平均最低气温变化趋势的空间分布(℃/10a)

(a. 春季;b. 夏季;c. 秋季;d. 冬季)

1.5   气温年较差

重庆市 1961—2015 年气温年较差呈下降趋势(图 1-17),下降速率为 0.18 ℃/10a,20 世纪 80 年代中期以前偏大,中期以后至 2000 年偏小,2001—2013 年又偏大,2014—2015 年偏小。1961—2015 年,气温年较差最大的年份是 2011 年,年较差为 25.1 ℃,比常年偏高 3.9 ℃;最小的年份是 2015 年,年较差为 18.3 ℃,比常年偏低 2.9 ℃。

从近 55 年气温年较差的空间变化趋势来看(图 1-18),除西部局部地区为弱的增加趋势外,其余大部地区为减小趋势,其中东北部地区减幅较明显,在 -0.4 ℃/10a 以上。

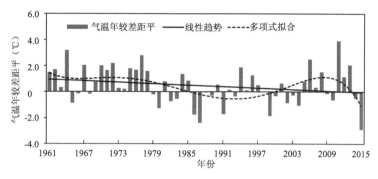

图 1-17　1961—2015 年重庆气温年较差距平
（相对于 1981—2010 年）及其变化趋势

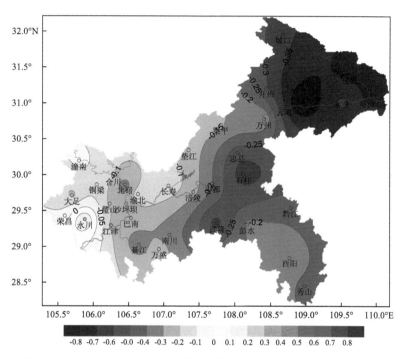

图 1-18　1961—2015 年重庆气温年较差变化趋势的空间分布（℃/10a）

1.6　降水

1.6.1　主城近 100 年降水量变化

1.6.1.1　年降水量

图 1-19 是重庆市沙坪坝站年降水量距平百分率及其线性趋势、多项式拟合曲线。自 1892 年以来，主城区年降水大致经历了 6 个阶段：20 世纪初期以前的相对少雨阶段，其后至 30 年代初期的相对多雨阶段，30 年代中期至 70 年代中期的相对少雨阶段，70 年代中后期至 90 年代末期

的相对多雨阶段,2000 年以后至 2010 年又为相对少雨阶段,2011—2015 年为相对多雨阶段。1892—2015 年的 100 多年间,主城区年降水量总体趋势为增加的,增加速率为 46.4 mm/100a。

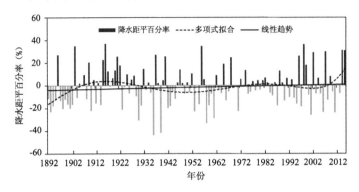

图 1-19　1892—2015 年重庆沙坪坝站年降水量距平百分率
(相对于 1981—2010 年)及其线性趋势、多项式拟合曲线

1.6.1.2　四季降水量

图 1-20 为 1892—2015 年重庆市主城区沙坪坝站四季降水量距平百分率及其线性趋势、多项式拟合曲线。

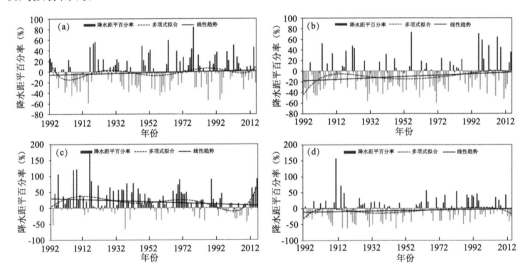

图 1-20　1892—2015 年重庆沙坪坝站四季降水量距平百分率(相对于 1981—2010 年)
及其线性趋势、多项式拟合曲线(a. 春季;b. 夏季;c. 秋季;d. 冬季)

主城区春季降水变化的总趋势是增加的,增加率为 19.5 mm/100a。其间也存在着明显的阶段性变化,从 19 世纪 90 年代末期到 20 世纪 10 年代中期偏少,20 世纪 10 年代中期到 30 年代末期偏多,20 世纪 30 年代末期到 60 年代中后期偏少,60 年代后期到 90 年代初偏多,90 年代初期到 2015 年偏少。

夏季降水变化呈增加趋势,增加率为 66.0 mm/100a,是春、夏、冬季中降水增加率最大的,也是各季中降水量趋势变化最大的。从阶段性变化看,从 19 世纪 90 年代初期到 21 世纪初期持续偏少,21 世纪初到 2015 年基本持平。

　　秋季降水变化的总趋势则是减少的,减少率为 −44.0 mm/100a。从阶段性变化看,从 19 世纪 90 年代初期到 20 世纪 90 年代初偏多,90 年代初到 2010 年偏少,2011—2015 年又偏多。

　　冬季降水变化的总趋势是略有增加,增加率为 5.4 mm/100a,是各季中降水量趋势变化最小的。从阶段性变化看,从 19 世纪 90 年代到 20 世纪 80 年代初期偏少,20 世纪 80 年代初期到 2009 年偏多,2010—2015 年又偏少。

1.6.2　近 55 年降水变化

1.6.2.1　年降水量

　　图 1-21 是 1961—2015 年重庆市平均年降水量距平百分率的逐年变化。从全市平均来看,近 55 年来年降水量呈现小幅度减少趋势,每 10 年减少约 10.8 mm,尤其是 20 世纪 80 年代中期以来降水偏少年份有增多的趋势。1961—2015 年,降水量最多的年份是 1998 年,降水量 1434.0 mm,偏多 27.5%,降水量最少的年份是 2001 年,降水量 862.2 mm,偏少 23.4%。

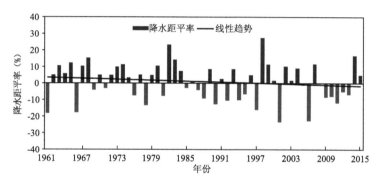

图 1-21　1961—2015 年重庆平均年降水量距平百分率
(相对于 1981—2010 年)及其趋势变化

　　重庆市降水变化趋势上不仅表现出较大的季节性差异,而且具有明显的地域性差异。图 1-22 给出了 1961—2015 年重庆市年降水量变化趋势的空间分布,在全市范围内,除了西北部局部地区年降水量有小幅度的增加趋势外,其他绝大部分地区均呈减少趋势,其中东北部地区减少明显,减少速率在 −30 mm/10a 以上。

1.6.2.2　四季降水量

　　1961—2015 年重庆市四季降水量变化(图 1-23),各季有所不同。春季降水量整体呈略微减少趋势,降水变化经历几次明显波动,20 世纪 70 年代降水偏多,80 年代和 90 年代中期降水偏少,90 年代以后降水有所增加。夏季降水量整体呈略微增加趋势,在 20 世纪 80 年代前期和 90 年代中后期降水偏多,降水最多的年份是 1998 年,降水量 798.6 mm,偏多 56.9%。其他时期包括 20 世纪 60—70 年代,80 年代后期,以及 21 世纪以来降水偏少,值得注意的是,从 20 世纪 90 年代后期以来夏季降水呈明显的减少趋势,2006 年夏季降水最少,降水量 242.2 mm,偏少 52.4%。秋季降水量在 1961—2015 年有非常明显的减少趋势,从 20 世纪 60 年代中后期到 70 年代初降水偏多,1984 年以后大多数年份降水偏少。重庆冬季降水量呈小幅度的减少趋势,20 世纪 60—80 年代偏少,80 年代后至 2007 年总体偏多,2008—2015 年总体偏少。

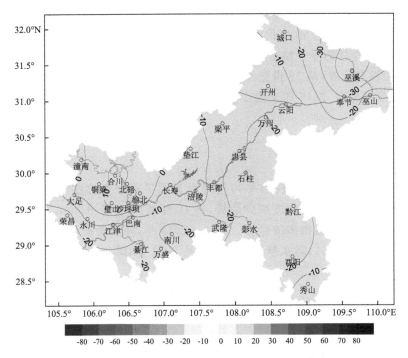

图 1-22　1961—2015 年重庆年降水量变化趋势的空间分布(mm/10a)

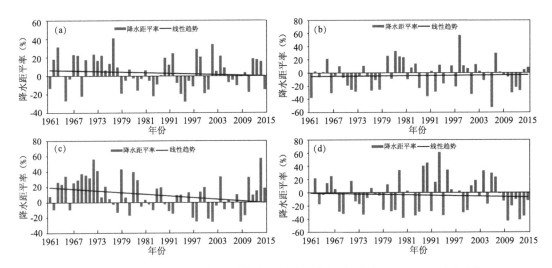

图 1-23　1961—2015 年重庆四季降水量距平百分率(相对于 1981—2010 年)变化
（a. 春季；b. 夏季；c. 秋季；d. 冬季）

　　1961—2015 年重庆市四季降水量变化趋势的空间(图 1-24)分布有所不同。春季降水量在西北部呈增加趋势,其余大部地区为减少趋势,其中东北部减少率达到—20 mm/10a 以上。夏季降水量在西北部、东部大部地区为增加趋势,而中部地区呈减少趋势。秋季降水量除开州为增加趋势外,其余地区都呈减少趋势,其中东部地区的减少速率在—10 mm/10a 以上,减少趋势明显。冬季除东部和中部局部地区呈小幅度增加趋势外,其余地区呈小幅度减少趋势。

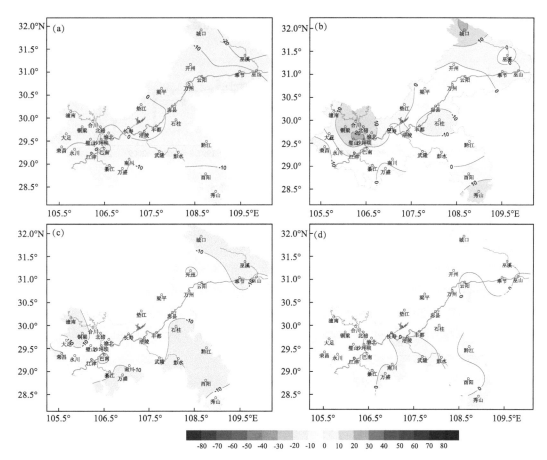

图 1-24　1961—2015 年重庆四季降水量变化趋势的空间分布(mm/10a)
（a. 春季；b. 夏季；c. 秋季；d. 冬季）

1.7　降水日数

1.7.1　年降水日数

　　图 1-25 是 1961—2015 年重庆市年降水日数及其变化趋势。近 55 年来年降水日数呈减少趋势，减速为 5.4 d/10a，略小于重庆西部地区的 6.4 d/10a，1990 年以后降水日数明显减少，2005—2011 年连续 7 年降水日数偏少。1961—2015 年，年降水日数最多的年份是 1977 年，降水日数为 183.5 d，比常年偏多 31 d；年降水日数最少的年份是 2006 年，年降水日数 132.2 d，比常年偏少 20.3 d。

　　图 1-26 为 1961—2015 年重庆市不同量级年降水日数距平变化趋势。可以看出，小雨与中雨日数在进入 21 世纪后以偏少为主，大雨在 20 世纪 90 年代后期至 2007 年前后有一段明显的偏多时段，而暴雨在 1998 年明显偏多，达到 5.6 d，较常年偏多 2.5 d。小雨、中雨的年日数均为减少趋势，减速分别为 5.3 d/10a、0.5 d/10a，而大雨和暴雨日数变化趋势不明显。

　　重庆市年降水日数变化趋势具有明显的地域性差异。图 1-27 给出了 1961—2015 年重庆

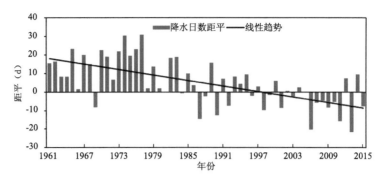

图 1-25　1961—2015 年重庆年降水日数距平
（相对于 1981—2010 年）变化趋势

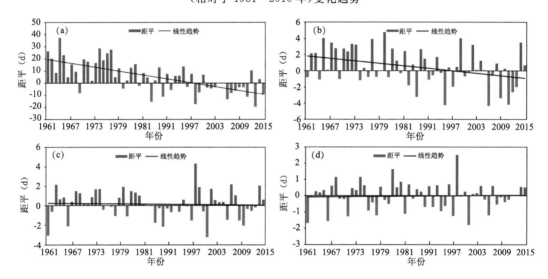

图 1-26　1961—2015 年重庆不同量级降水日数距平（相对于 1981—2010 年）变化趋势
（a. 小雨；b. 中雨；c. 大雨；d. 暴雨）

市年降水日数变化趋势的空间分布。整个重庆市降水日数都呈减少趋势，其中东北中部地区和西北北部较为突出，在－7 d/10a 以上。

由 1961—2015 年重庆市年不同量级降水日数变化趋势的空间分布（图 1-28）可以看出，年小雨日数变化与年降水日数比较相似，整个重庆市呈不同程度减少；中雨日数总体上呈普遍减少趋势。大雨日数与暴雨日数变化比较接近，西北部与东北部以增加趋势为主，而中部与东南部地区以减少为主。

1.7.2　四季降水日数

由 1961—2015 年重庆市四季降水日数变化（图 1-29）可以看出，各个季节的降水日数均呈减少趋势，秋季和冬季减少趋势较明显，分别为－2.8 d/10a 和－1.8 d/10a。春季减少趋势次之，为－0.9 d/10a，夏季减小趋势最不明显。各个季节变化各有不同，春季在 20 世纪 70 年代前期偏多，夏季在 20 世纪 60—70 年代总体偏少，秋季在 20 世纪 60—80 年代持续偏多，90 年代后进入偏少期，冬季在 20 世纪 60 年代至 80 年代初总体偏多，在 80 年代末到 90 年代中期有一偏多时段。

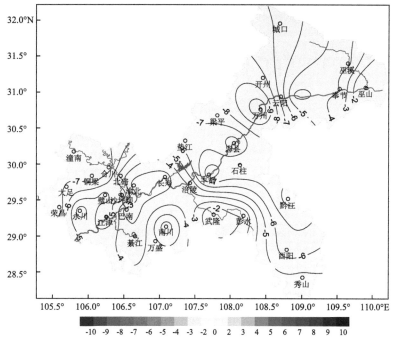

图 1-27　1961—2015 年重庆年降水日数变化趋势的空间分布（d/10a）

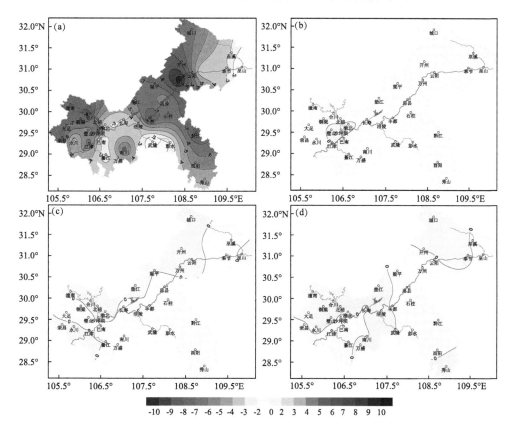

图 1-28　1961—2015 年重庆年不同量级降水日数变化趋势的空间分布（d/10a）

（a. 小雨；b. 中雨；c. 大雨；d. 暴雨）

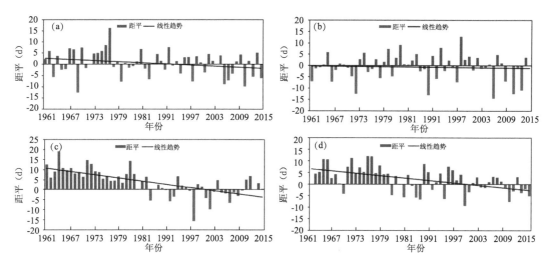

图 1-29　1961—2015 年重庆四季降水日数距平（相对于 1981—2010 年）变化
（a. 春季；b. 夏季；c. 秋季；d. 冬季）

图 1-30 给出了重庆市 1961—2015 年四季降水日数的变化趋势空间分布。春季整个重庆市均为减少趋势，其中万州减少趋势最明显，超过 -3 d/10a；夏季中西部地区为增加趋势，而

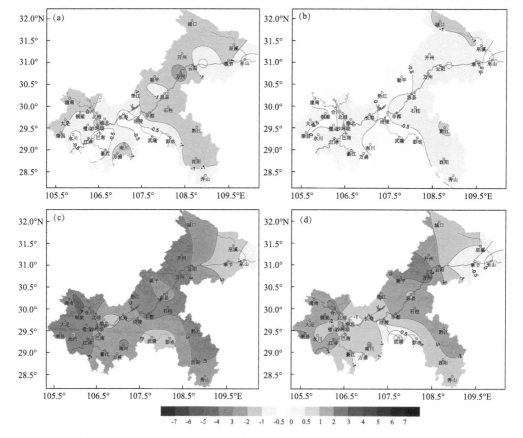

图 1-30　1961—2015 年重庆四季降水日数变化趋势的空间分布（d/10a）
（a. 春季；b. 夏季；c. 秋季；d. 冬季）

东部地区以减少趋势为主;秋季各地不同程度减少,西北部减少更为明显;冬季除东北部局部地区增多外,全市大部地区降水日数减少。

1.8　降水强度

1.8.1　年降水强度

1961—2015 年重庆平均年降水强度为 7.4 mm/d,1998 年最大,为 10.1 mm/d;1961 年最小,为 5.3 mm/d,近 55 年平均降水强度呈现上升趋势(图 1-31),变化速率为 0.17(mm/d)/10a,1995 年后波动幅度有所增大。

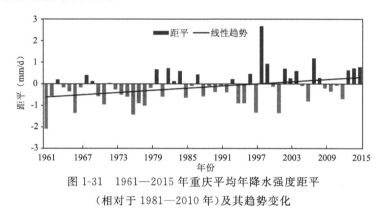

图 1-31　1961—2015 年重庆平均年降水强度距平
(相对于 1981—2010 年)及其趋势变化

由 1961—2015 年重庆市降水强度变化趋势的空间分布(图 1-32)可以看出,除东北部与中南部地区表现为减弱趋势外,全市大部地区都以增加趋势为主,其中在东北中部与西北部增加

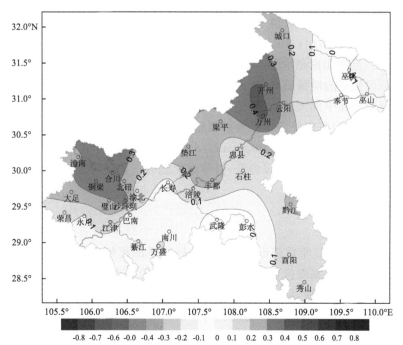

图 1-32　1961—2015 年重庆年降水强度变化趋势的空间分布((mm/d)/10a)

趋势更为显著,在0.3(mm/d)/10a以上。

1.8.2 四季降水强度

由1961—2015年重庆市四季降水强度距平变化(图1-33)可以看出,四个季节的降水强度均呈现上升趋势,其中秋季上升趋势最明显,增速为0.20(mm/d)/10a,夏季次之,增速为0.13(mm/d)/10a,春、冬季上升趋势较小,增速分别为0.08(mm/d)/10a和0.07(mm/d)/10a。

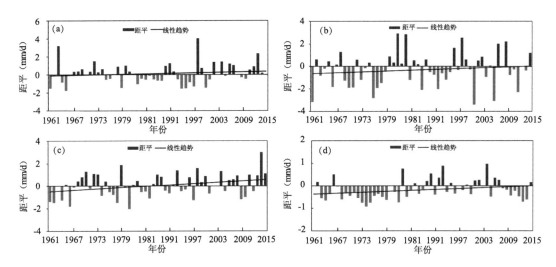

图1-33 　1961—2015年重庆四季降水强度距平(相对于1981—2010年)及其趋势变化
(a. 春季;b. 夏季;c. 秋季;d. 冬季)

由四季降水强度变化趋势的空间分布(图1-34)可以看出,各个季节降水强度的趋势变化各有特色。春季在东北北部以及整个南部地区呈现减弱趋势,其中东北角巫溪等地减弱最明显,减弱速率超过0.3(mm/d)/10a。其余地区呈现增强趋势,在西北部增强最明显,增速超过0.3(mm/d)/10a。夏季无论是增强还是减弱的程度都是四季中最强的。其中在东北部、东南部和西北部均呈现显著的增强趋势,最大增速超过0.6(mm/d)/10a。降水强度减弱的地区主要位于西部偏南地区和中部大部地区,减弱最明显的位于綦江等地,减速达到−0.3(mm/d)/10a。秋季除东北偏东和东南局部地区为减弱趋势外,其余地区均呈现增强趋势,其中东北中部的开州等地增强最明显,增速超过0.5(mm/d)/10a。冬季除东北偏东地区呈现弱的减弱趋势外,其余大部地区均呈现弱的增强趋势,整体变化趋势不是很明显。

1.9 　大雨开始期

图1-35是1961—2015年重庆市年大雨开始期距平的逐年变化。从全市平均来看,近55年来年大雨开始期呈现小幅度提前趋势,每10年提前约1.5 d。在20世纪60年代初期、80年代至90年代后期出现偏晚,而20世纪70年代与90年代末期至21世纪10年代总体出现偏早。1961—2015年,大雨开始期出现最晚的年份是1961年,比常年推迟约23 d,最早的年份是2002年,比常年提前了30 d。

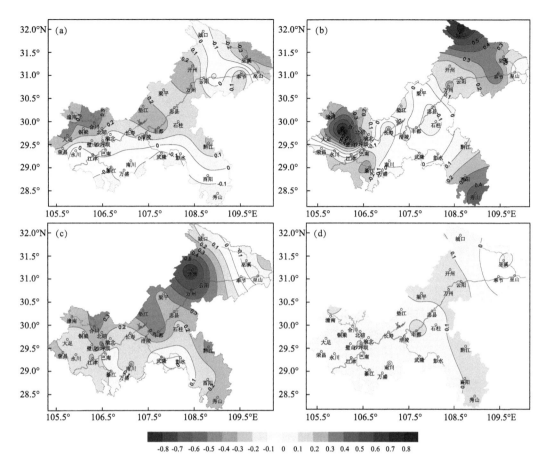

图 1-34　1961—2015 年重庆四季降水强度变化趋势的空间分布((mm/d)/10a)
（a. 春季；b. 夏季；c. 秋季；d. 冬季）

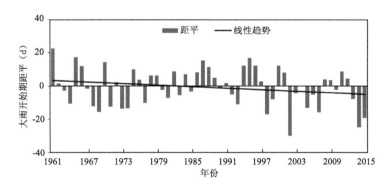

图 1-35　1961—2015 年重庆年大雨开始期距平及其趋势变化

　　图 1-36 给出了 1961—2015 年重庆市大雨开始期变化趋势的空间分布，大雨开始期提前的地区主要位于西部和中部部分地区，大多每 10 年提前 1～6 d，其中沙坪坝、北碚、西部的荣昌、中部的涪陵等地最为明显，每 10 年提前 5～7 d；而东北偏北与东南偏南地区则以推迟为主，其中南川、秀山、巫溪等地推迟明显，每 10 年有 3～4 d。

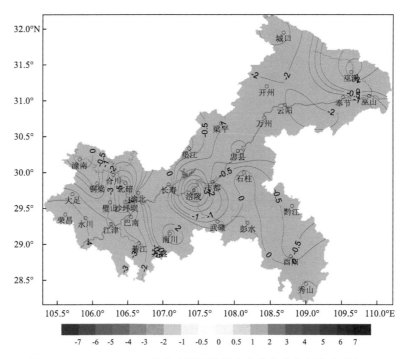

图 1-36　1961—2015 年重庆大雨开始期变化趋势的空间分布(d/10a)

1.10　日照时数

1.10.1　年日照时数

图 1-37 是 1961—2015 年重庆市年日照时数的逐年变化。20 世纪 60—70 年代为日照时数明显偏多阶段,80—90 年代为偏少时段,进入 21 世纪后又略偏多。近 55 年来年日照时数变化呈波动减少趋势,减少趋势明显,减速为 39.4 h/10a,尤其从 20 世纪 80 年代以来减少最为迅速。1961—2015 年,日照时数最多的年份是 1978 年,日照时数 1544.4 h,比常年偏多390.0 h,偏多 33.8%,日照时数最少的年份是 2012 年,日照时数 947.8 h,比常年偏少206.6 h,偏少 17.9%。

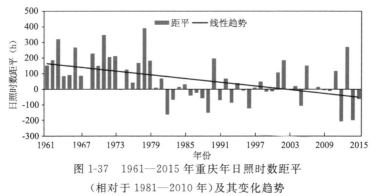

图 1-37　1961—2015 年重庆年日照时数距平
(相对于 1981—2010 年)及其变化趋势

图 1-38 为 1961—2015 年重庆市年日照时数的变化趋势的空间分布,可以看出,重庆整个地区都为减少趋势,西部的大足、璧山与东北部的万州等地减少更明显,减速在 60 h/10a 以上。

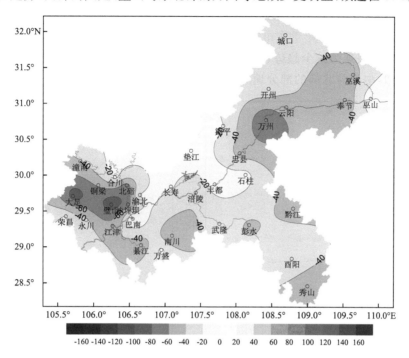

图 1-38　1961—2015 年重庆年日照时数变化趋势的空间分布(h/10a)

1.10.2　四季日照时数

如图 1-39 所示,各季日照时数也呈减少趋势,其中夏季减少趋势最明显,减少速率达到 23.6 h/10a,冬季次之,减少速率为 8.7 h/10a,春、秋季减少趋势较弱,减少速率分别为 4.4/10a、

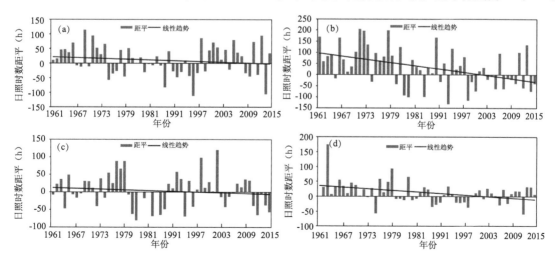

图 1-39　1961—2015 年重庆市四季日照时数距平(相对于 1981—2010 年)及其变化趋势
(a. 春季;b. 夏季;c. 秋季;d. 冬季)

3.5 h/10a。20 世纪 60—70 年代各季与年日照时数变化比较一致,均处于偏多时段;80 年代春、秋季偏少,而夏、冬季偏多;90 年代除秋季偏多外,各季均偏少;2000 年以后,夏季偏少,其余季节偏多。

图 1-40 为 1961—2015 年重庆市四季日照时数变化趋势的空间分布,可以看出,各个季节在西部与东北部都表现为减少趋势,但也有各自的特点。夏、冬季各地普遍为减少趋势;春、秋季分布大体相似,中部与北部的部分地区为增加趋势。

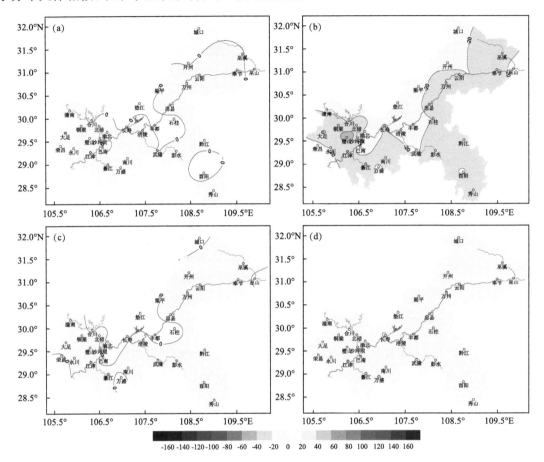

图 1-40　1961—2015 年重庆四季日照时数变化趋势的空间分布(h/10a)
(a. 春季;b. 夏季;c. 秋季;d. 冬季)

1.11　相对湿度

1.11.1　年平均相对湿度

图 1-41 为 1961—2015 年重庆市年平均相对湿度的逐年变化。从图上可以看出,20 世纪 60—70 年代平均相对湿度偏低,80—90 年代偏高,2000 年后平均相对湿度又明显偏低。近 55 年来年平均相对湿度呈波动变化,下降趋势不明显,速率为 −0.3%/10a。1961—2015 年,相对湿度最高的年份是 1982 年与 1989 年,平均相对湿度为 82%,比常年偏高 2.1%;相对湿度

最低的年份是 2013 年,平均相对湿度为 73.6%,比常年偏低 6.3%,2011 年、2006 年相对湿度也较低,仅有 74.1%、74.5%,分别比常年偏低 5.8%、5.4%。

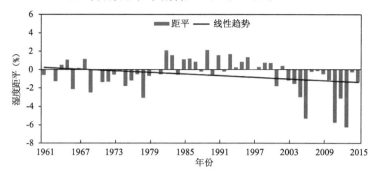

图 1-41 1961—2015 年重庆年平均相对湿度距平
(相对于 1981—2010 年)及其变化趋势

由重庆市 1961—2015 年年平均相对湿度变化趋势的空间分布(图 1-42)可以看出,长江以北地区主要为减小趋势,其中在东北角附近减少得更为明显;而除东南部为减小趋势外,长江以南地区大多以增加趋势为主。

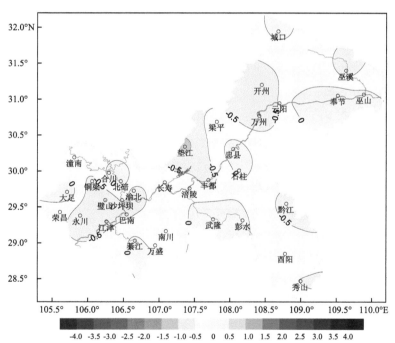

图 1-42 1961—2015 年重庆年平均相对湿度变化趋势的空间分布(%/10a)

1.11.2 四季平均相对湿度

图 1-43 为 1961—2015 年重庆市四季平均相对湿度距平变化。从图上可以看出,20 世纪 60—70 年代春、秋季偏高,夏、冬季偏低,80—90 年代各个季节都有一段偏多时期,2000 年后都以偏少为主。从变化趋势来看,各季均为下降趋势,其中春季下降趋势最明显,速率为 −0.5%/10a;秋季次之,速率为 −0.3%/10a;夏季和冬季下降趋势最小,速率同为 −0.2%/10a。

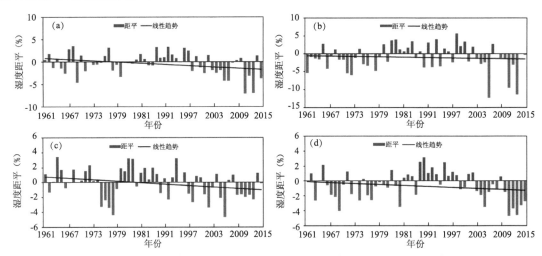

图 1-43　1961—2015 年重庆四季平均相对湿度距平(相对于 1981—2010 年)变化

(a. 春季；b. 夏季；c. 秋季；d. 冬季)

由 1961—2015 年重庆市四季平均相对湿度变化的趋势空间分布(图 1-44)可以看出,有明

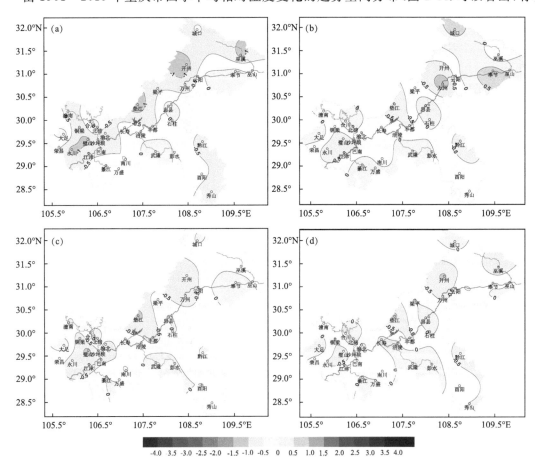

图 1-44　1961—2015 年重庆四季平均相对湿度变化趋势的空间分布(%/10a)

(a. 春季；b. 夏季；c. 秋季；d. 冬季)

显的地域特征。春、秋季的变化比较相似,全市大部地区为减小趋势,仅在东北部偏南地区与中部局部地区为增加趋势。夏、冬季相对湿度的变化也比较一致,局地性特征比较明显,夏季在东北部以增加为主,而冬季则表现为减小趋势。

1.12　风速

1.12.1　年平均风速

图 1-45 给出了 1961—2015 年重庆市年平均风速距平及其变化趋势。近 55 年来年平均风速呈线性减小趋势,变化速率为 -0.04(m/s)/10a,此变化趋势与全国平均风速一致,在全国各地区,除云南西部平均风速有少量增加外,其余均呈减少趋势(《气候变化国家评估报告》编写委员会 2007)。从年代际的变化来看,20 世纪 60 年代末至 80 年代末年平均风速偏大,90年代至 21 世纪前 10 年平均风速偏小,2010 年后又开始增大。1961—2015 年,平均风速最大的年份是 2015 年,达到 1.6 m/s,比常年偏大 0.5 m/s;平均风速次大的年份是 1969 年、1975年、1978 年,平均风速 1.4 m/s,比常年偏大 0.3 m/s,风速最小的年份是 1999 年,平均风速0.9 m/s,比常年偏小 0.1 m/s。

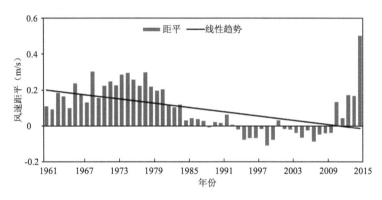

图 1-45　1961—2015 年重庆年平均风速距平
（相对于 1981—2010 年）及其变化趋势

图 1-46 给出了 1961—2015 年重庆市年平均风速变化趋势的空间分布,可以看出平均风速变化趋势具有明显的地域性差异,除西部的渝北、巴南、沙坪坝、江津与东北部的万州、云阳等地略有增大外,其余大部地区呈减小趋势,其中东北部的巫山与中西部的铜梁、武隆、垫江等地减小较为明显,超过 -0.2(m/s)/10a。

1.12.2　四季平均风速

图 1-47 给出了 1961—2015 年重庆市四季平均风速距平及其变化趋势。总体来说,重庆市四季平均风速变化的特点比较类似,各个季节均呈减小趋势,其中春季风速的下降速率较大,达到 -0.06(m/s)/10a,夏、冬季略小,下降速率同为 -0.04(m/s)/10a,秋季最小,下降速率为 -0.03(m/s)/10a。各个季节在 20 世纪 60—80 年代偏大;90 年代初期春、夏季偏大,而秋、冬季偏小;20 世纪 90 年代中期至 21 世纪 10 年代各个季节风速都以偏小为主,2010 年后

各个季节都偏大。

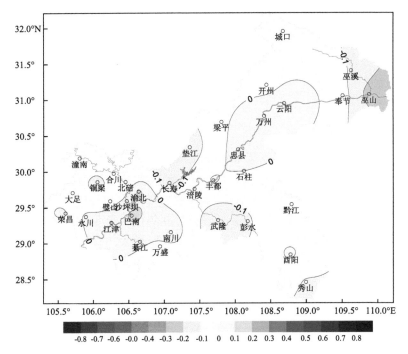

图 1-46 1961—2015 年重庆年平均风速变化趋势的空间分布((m/s)/10a)

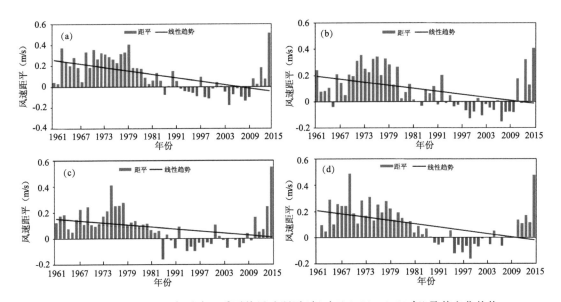

图 1-47 1961—2015 年重庆四季平均风速距平(相对于 1981—2010 年)及其变化趋势
(a. 春季;b. 夏季;c. 秋季;d. 冬季)

由 1961—2015 年重庆市四季平均风速变化趋势的空间分布(图 1-48)可以看出,各个季节分布基本一致,除西部中部与东北部的部分地区表现为增大趋势外,大部地区平均风速为减小趋势,其中东北偏东地区减少更为明显。

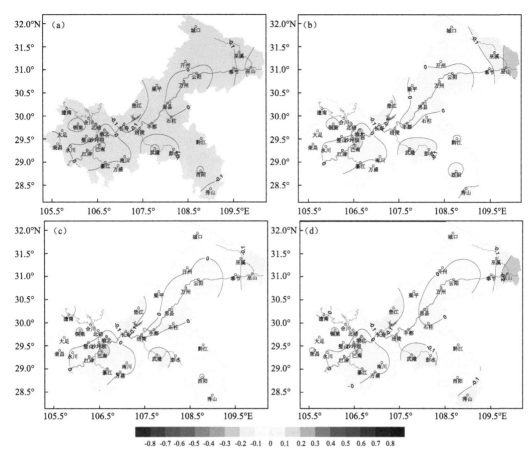

图 1-48　1961—2015 年重庆市四季平均风速变化趋势的空间分布((m/s)/10a)

(a. 春季;b. 夏季;c. 秋季;d. 冬季)

参考文献

《第二次气候变化国家评估报告》编写委员会,2011.第二次气候变化国家评估报告[M].北京:科学出版社.

《气候变化国家评估报告》编写委员会,2007.气候变化国家评估报告[M].北京:科学出版社.

林学椿,于淑秋,唐国利,1995.中国近百年温度序列[J].大气科学,19(5):525-534.

中国气象局,2012.中国气象局 2011 年年度报告[R].

第2章　重庆极端天气气候事件变化

摘　要：利用重庆地区 1961—2015 年气象站观测资料、主城区沙坪坝站 1924—2015 年气温和 1892—2015 年降水观测资料，对重庆地区高温、暴雨、干旱、连阴雨、低温、雾、雷暴、大风和冰雹等极端天气气候事件进行了分析。结果表明：(1)1924—2015 年重庆主城区高温日数具有明显的阶段性变化特征，总体呈小幅减少趋势。1961—2015 年重庆地区平均年高温日数(≥35 ℃)呈先减少后增多的抛物线变化形式；(2)1892—2015 年重庆主城区暴雨日数略有增强趋势。1961—2015 年重庆年均暴雨日数存在小幅增多趋势。(3)伏旱的年代际变化特征和地域差异明显。1961—2015 年重庆地区平均伏旱出现频率占全年干旱频率的 51.2%，呈弱增加趋势，增加速率为 0.2 d/10a，年代际变化特征明显。(4)连阴雨过程增加，低温事件明显减少。1961—2015 年重庆连阴雨过程呈增加趋势，增加速率为每 10 年增加 4.7 站次。1961—2015 年重庆年平均低温日数存在显著减少趋势，减少速率为−5.1 站次/10a，具有明显的阶段性变化特征，其中 1961—1981 年、2007—2011 年呈上升趋势，1982—2006 年和 2011—2015 年呈减少趋势。(5)1973—2015 年重庆年平均雾日数呈显著减少趋势，减少速率为−2.1 d/10a，并具有明显的阶段性变化特征，1993 年以前为雾日数显著增多阶段，1993—2010 年为持续减少阶段，2011—2015 年呈增多趋势；年平均轻雾日数呈显著增多趋势，变化率为 12.2 d/10a。

2.1　高温

重庆境内地形以山地为主，岭谷交错、江河纵横，地形起伏变化大。东亚季风环流系统影响加之特殊的地理位置和地形条件，境内高温的影响比较突出。尤其在海拔 400 m 以下的平坝、河谷地带高温日数多、强度高。渝东北的万州、开县、巫溪、巫山、奉节和云阳一带，江津、巴南、綦江和万盛一带和重庆西部是高温影响严重的地区。重庆地区高温天气最早出现在 4 月，最迟 10 月仍有发生。7—8 月主要受副热带高压控制，盛行下沉气流，干旱少雨，气温偏高(林德生等，2010)，其高温发生的频数远高于其他月份，7 月占全年高温日数比例 36%，8 月的比例达 43%。

本节参照重庆市高温天气劳动保护办法、重庆市气象灾害标准(DB50/T 270—2008)、文献(程炳岩 等，2010，2011；李永华 等，2003；叶殿秀 等，2008；张天宇 等，2011；郭渠 等，2009)等方法，并考虑到重庆复杂地形等实际情况，选取重庆地区 34 个气象站 1961—2015 年逐日最高气温资料，定义高温日数：日最高气温大于某固定阈值(35 ℃、37 ℃、40 ℃)的总天数，定量分析重庆地区高温变化的特征。

2.1.1　近 100 年主城区 35 ℃以上高温变化

1924—2015 年，重庆主城区 35 ℃以上年平均高温日数为 34.7 d，呈小幅减少趋势，减少率为 −0.5 d/10a；并具有明显的阶段性变化特征（图 2-1）。20 世纪 50 年代以前为高温日数显著上升阶段，平均为 39.1 d，其中 20 世纪 30 年代为 44 d，40 年代为 43.3 d；50—90 年代为下降阶段，1980 年前后下降最为明显，其中 20 世纪 80 年代仅 22.6 d，是近 92 年来主城区高温日数最少的年代；2000 年以来，为高温日数持续增多阶段，平均为 38.5 d，但仍未达到 20 世纪 30 年代、40 年代高温日数水平。1931 年为主城区有观测记录以来 35 ℃以上高温日数最少的年份，仅 8 d；最多的年份为 1936 年，高达 68 d。

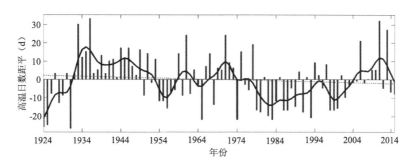

图 2-1　1924—2015 年重庆主城区 35 ℃以上高温日数距平变化
（粗曲线：二项式 9 年平滑平均，虚斜线：线性趋势；本章下同）

2.1.2　近 50 年来重庆地区高温变化

2.1.2.1　35 ℃以上高温的变化

1961—2015 年，重庆地区 35 ℃以上年平均高温日数为 27.3 d，其中，2006 年最多（55.8 d），1987 年最少（9.5 d）；年高温强度以 2006 年最高（38.1 ℃），1987 年最低（35.9 ℃）（图 2-2）。重庆地区 35 ℃以上高温日数呈先下降后上升的变化趋势，20 世纪 60—70 年代总体偏多（60 年代平均为 28.4 d，70 年代平均为 27.6 d），80 年代明显偏少（80 年代平均为 21.2 d），90 年代有所增加（平均 23.2 d），之后出现较大幅度的上升，2001—2015 年达 33.3 d。从变化趋势来看，1961—2015 年重庆地区 35 ℃以上高温日数呈波动增加趋势。

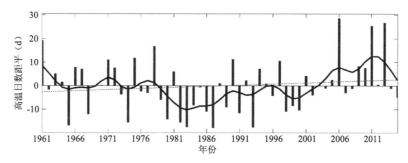

图 2-2　1961—2015 年重庆地区 35 ℃以上高温日数距平变化

2.1.2.2　37℃以上高温日数变化

1961—2015 年重庆地区 37 ℃以上年平均高温日数为 11.4 d,呈弱增加趋势,增加幅度为 0.1 d/10a(图 2-3)。20 世纪 80 年代以前,37 ℃以上年平均高温日数在平均值上下波动,变化幅度较小。80—90 年代高温日数大多在平均值以下,80 年代最少,仅 7.1 d;90 年代为 9.0 d。2001 年以来,37 ℃以上高温日数呈显著的增多趋势,平均为 15.9 d。

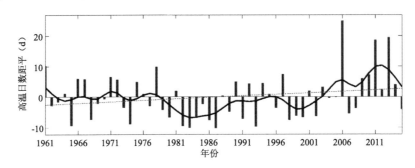

图 2-3　1961—2015 年重庆地区 37 ℃以上高温日数距平变化

2.1.2.3　40 ℃以上高温日数变化

1961—2015 年重庆地区 40 ℃以上年平均高温日数为 1.2 d,呈弱上升趋势,增加幅度 0.4 d/10a(图 2-4)。从年代际尺度看,40 ℃以上高温日数在 2003 年前基本偏少,2003 年后呈大幅度的增加趋势,年平均日数达 2.8 d,特别是 2006 年(11.7 d)、2013 年(6.4 d)、2011 年(5.7 d)出现 40 ℃以上极端高温事件较多。

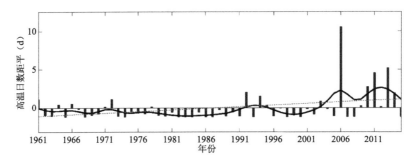

图 2-4　1961—2015 年重庆地区 40 ℃以上高温日数距平变化

2.2　极端降水

不同地区、不同时间尺度的极端降水气候事件有不同的定义。通常以日观测资料超过某一强度(如降水达到 50 mm/d 或 100 mm/d 等)或超过某一分位点(如>90th)或达到某一重现期数值为标准,定义为极端降水事件指数。根据气象业务部门标准和重庆市气象灾害标准(DB50/T 270—2008),日降水量 50.0～99.9 mm 的降水称为暴雨,日降水量 100.0～250.0 mm 的降水称为大暴雨,日降水量大于 250.0 mm 的降水称为特大暴雨。为评估重庆地区暴雨的区域特征,选取重庆 34 站 1961—2015 年逐日降水资料,定义 2 个暴雨特征量来评估重庆地区极端降水变化。它们分别是:(1)暴雨日数:日降水量≥50 mm 的暴雨日数的累积。
(2)暴雨强度(年暴雨强度:年暴雨量/年暴雨日数;月暴雨强度:月暴雨量/月暴雨日数)。

2.2.1　近 100 余年主城区暴雨变化

重庆主城区沙坪坝站降水观测始于 1892 年,资料累积年代较长,本节选择 1892—2015 年
逐日降水资料。近百余年重庆主城区年平均暴雨日数为 2.8 d,呈弱线性增加趋势,增加率为
0.1 d/10a。1892—1900 年主城区暴雨日数偏少,1915—1923 年和 20 世纪 60 年代至 80 年代
初偏多(图 2-5)。

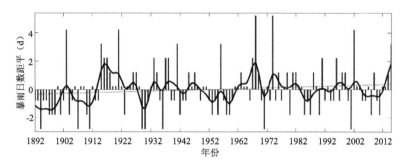

图 2-5　1892—2015 年重庆主城区暴雨日数距平变化

1892—2015 年,重庆主城区暴雨强度平均为 70.1 mm/d,呈弱的线性增加趋势(图 2-6)。
1894 年、1907 年、1911 年、1929 年、1930 年、1936 年、1971 年、2001 共 8 年未出现暴雨。2008
年为历年最高,为 163.1 mm/d。就其年代变化而言,1892—1914、20 世纪 20 年代、30 年代和
60 年代偏弱,其他年代偏强,尤其是到 2002—2015 年中有 10 年偏强,距平(1892—2015 年)为
15.8 mm。

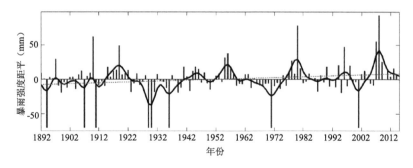

图 2-6　1892—2015 年重庆主城区暴雨强度距平变化

2.2.2　近 50 年来重庆地区暴雨时间变化

1961—2015 年,重庆地区年均暴雨日数为 3.0 d,暴雨强度为 72.6 mm/d。年暴雨日数以
1998 年最多(5.6 d),2001 年最少(1.2 d)(图 2-7)。年暴雨强度以 2009 年最高(82.0 mm),
2001 年最低(64.5 mm)(图 2-8)。55 年间,重庆地区有 8 年暴雨日数少于 2 d,有 4 年暴雨日
数多于 4 d;有 16 年暴雨强度低于 70 mm,有 3 年高于 80 mm。从变化趋势来看,暴雨日数、
暴雨强度均存在增多增强的变化趋势,但均未通过 95% 的信度检验。

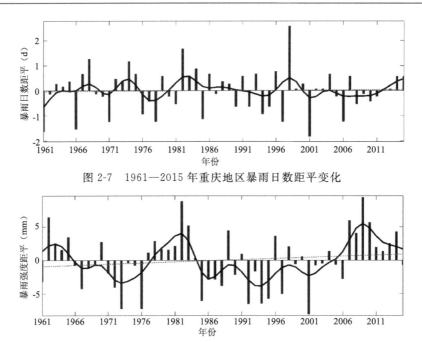

图 2-7　1961—2015 年重庆地区暴雨日数距平变化

图 2-8　1961—2015 年重庆地区暴雨强度距平变化

　　重庆地区各站暴雨日数变化趋势并不相同,中部涪陵至垫江、东北部云阳与奉节至城口、西部北碚至潼南为增加趋势,其余各站为减少趋势。各站暴雨日数变化幅度较小,均未通过95%的信度检验。

2.3　干旱

　　干旱是指长时期降水偏少,造成空气干燥,土壤缺水,影响农作物正常生长发育的一种气象灾害,常给工农业生产和人民生活带来不利的影响。根据重庆市气象灾害标准(DB50/T 270—2008),将干旱分为春旱、夏旱、伏旱、秋旱以及冬旱。发生在 2 月下旬至 4 月,连续 30 d 以上的日均降水量≤0.5 mm 的时段称为春旱;发生在 4 月下旬至 6 月,任意连续 20 天以上的日均降水量≤1.2 mm 的时段称为夏旱;发生在 6 月下旬至 9 月上旬,任意连续 20 天以上的日均降水量≤1.3 mm 的时段称为伏旱;发生在 9—11 月,任意连续 30 d 以上的日均降水量≤0.5 mm 的时段称为秋旱;发生在 11 月下旬至次年 2 月,任意连续 40 d 以上的日均降水量≤0.1 mm 称为冬旱。

　　1961—2015 年,重庆年均春旱、夏旱、伏旱、秋旱、冬旱持续日数分别为 7.5 d、6.6 d、22.2 d、4.1 d、6 d,出现频率分别占全年干旱频率的 14.9%、17.5%、51.2%、8.3%、8.1%。55 年来,重庆干旱变化趋势并不相同,呈减少趋势的有春旱、冬旱;增加趋势的有夏旱、伏旱、秋旱,但均未通过95%信度检验,这与文献(冉荣生 等,2002;唐云辉 等,2002;高阳华 等,2002;刘德 等,2005;李永华 等,2006;李梗 等,2011)结论相一致。可见,重庆伏旱发生频率高,是影响工农业生产和人民生活最主要的气象灾害之一,也是我国较重伏旱区之一(张家诚 等,1985)。

2.3.1　平均伏旱日数的变化

　　图 2-9 反映了重庆地区平均伏旱日数的逐年变化。从总体趋势来看,重庆地区伏旱呈增

加趋势,增加幅度为 0.2 d/10a,未通过 95% 信度检验。55 年来,重庆地区平均伏旱日数为 22.3 d,经历了少—多—少—多—少—多的变化,20 世纪 60 年代、70 年代末期至 80 年代、90 年代中后期伏旱日数偏少,其余时段伏旱日数偏多,尤其是 2006 年的伏旱日数达到 49.8 d,为 55 年来伏旱最严重的一年。

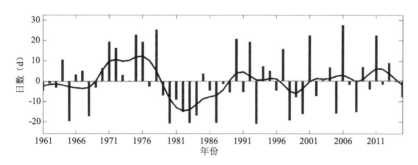

图 2-9　1961—2015 年重庆地区平均伏旱日数距平变化

2.3.2　各地伏旱日数的变化

重庆各地伏旱发生频率,除东北部(开县以东)、西部的荣昌、大足、潼南、永川和中部的武隆发生频率在 50% 以下外,其他地区的发生频率都在 50% 以上,即每两年至少有一年会发生伏旱,尤其是长江沿江地区是伏旱频率高值区,发生频率多在 55% 以上,其中西部的渝北、万盛和巴南,中部的忠县,东南部的秀山和西阳的发生频率更是在 60% 以上。

图 2-10 为重庆各站 1961—2015 年伏旱日数的线性变化趋势,可见垫江至万盛、万州至城口和巫山一带为增多趋势,其余地区为减少趋势。重庆各站伏旱日数变化幅度较小,经检验,变化趋势均不显著。

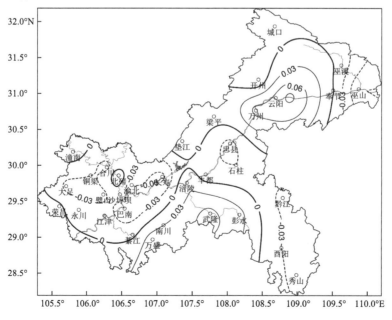

图 2-10　1961—2015 年重庆地区伏旱日数趋势系数分布

2.4　连阴雨

根据 2008 年重庆市气象灾害标准(DB50/T 270—2008),将连续≥6 d 阴雨且无日照,其中任意 4 d 白天雨量≥0.1 mm 定义为一次轻度连阴雨;将连续≥10 d 阴雨且无日照,其中任意 7 d 白天雨量≥0.1 mm 定义为一次严重连阴雨。如果连续 3 d 白天无降水则连阴雨终止。

重庆地区连阴雨在中部和东南部出现次数较多,年平均均出现 4.5 次以上,其中秀山最多达 5.1 次。而东北部地区出现较少,年均一般 3.5 次以下,巫山最少仅为 1.3 次。连阴雨持续时间呈现西部、东南部持续时间长,中东部持续时间短的分布特征,渝北至潼南一带是连阴雨持续时间较长的地区,其中荣昌达 9.0 d/次,中东部的巫山持续时间最短,为 7.3 d/次。年内,秋、冬季连阴雨日数较多,9 月至次年 2 月的每月连阴雨日数都在 7 站次以上,10 月最多,每年平均达到 22.2 站次,而春、夏季出现偏少,除 6 月出现一个小高峰,达到 9.3 站次外,其余月份的连阴雨日数在 9 站次以下,最少是 7 月,仅为 1.7 站次。春、夏、秋和冬季的连阴雨日数分别占到 15%、12%、49%和 24%,这与三峡库区连阴雨季节变化相一致(邹旭恺 等,2005)。

2.4.1　年连阴雨频数变化

1961—2015 年,重庆地区多年平均连阴雨过程为 105.6 站次,1971 年最多,为 187 站次,其次为 2007 年,为 182 站次;而 1978 年和 1979 年连阴雨过程较少,分别为 43 站次和 46 站次。与多年(1961—2015 年)平均值相比,20 世纪 80 年代至 90 年代中期,多数年份连阴雨频次为正距平;20 世纪 60 年代,10 年中有 7 年连阴雨频次为负距平。从图 2-11 中可看出,重庆连阴雨过程呈线性增加趋势,线性倾向率为每 10 年增加 4.7 站次。

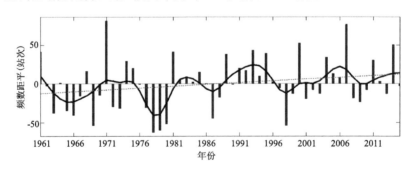

图 2-11　1961—2015 年重庆地区年连阴雨频数距平变化

2.4.2　连阴雨持续时间变化

一般来说,连阴雨持续时间越长,对作物危害越大(冯佩芝 等,1985)。重庆年平均连阴雨持续时间为 8.3 d/次,1974 年最长,为 8.9 d/次,1966 年最短,为 7.3 d/次。连阴雨持续时间具有明显的阶段性变化,其中 1961—1984 年呈上升趋势,1984—1996 年波动变化幅度较小,1997 以来为减少趋势。55 年来,重庆年平均连阴雨持续时间呈增多趋势,但未通过 95%的信度检验(图 2-12)。

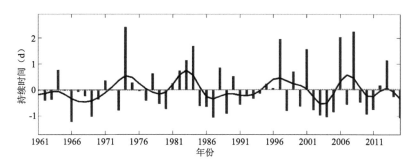

图 2-12　1961—2015 年重庆地区连阴雨持续时间距平变化

2.4.3　秋季连阴雨频数变化

重庆位于我国最显著的秋雨区——华西秋雨区,秋季连阴雨出现频率高、持续时间长,是华西秋雨的主要特征之一。重庆地区多年平均秋季(9—11 月)连阴雨过程为 51.3 站次,9—11 月分别为 17.3 站次、22.1 站次、12.0 站次。秋季连阴雨过程呈现弱的增多趋势,增加率为1.2 站次/10a。近 55 年来,重庆秋季连阴雨过程 1981 年和 1971 年最多,高达 107 站次,2002年秋季连阴雨过程较少,仅 5 站次(图 2-13)。

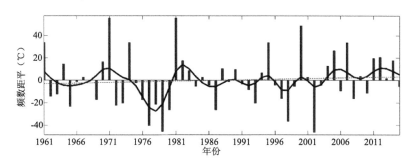

图 2-13　1961—2015 年重庆地区秋季连阴雨频数距平变化

2.5　低温

低温是由于北方冷空气持续影响造成气温连续偏低的天气过程,常伴有强降温、连阴雨。重庆市气象灾害标准(DB50/T 270—2008)将连续 2 候平均气温低于多年同期候平均温度2 ℃以上的时段(7 月、8 月除外)定义为一次轻度低温;将连续 3 候(或以上)平均气温低于多年同期候平均温度 2 ℃以上的时段(7 月、8 月除外)定义为一次严重低温。本节采用此标准,计算了重庆地区 34 个站点 1961—2015 年共 55 年各年发生低温的频数。

重庆地区低温呈西多东少、南多北少的分布特点。中西部地区和东南部年均低温频次在2 次以上,其中秀山是全市低温频次最高的地区,年均 2.4 次。渝东北大部分地区及中部的丰都年均低温频次小于 2 次,其中开县为全市低温最少的地区,仅 1.4 次。

低温在定义期内都有发生,平均 6.8 站次。年内 2 月、9 月和 12 月月均低温都在 8 站次以上,其中 2 月最多,平均出现 10.2 站次,最少月为 10 月,平均出现 3.7 站次。

1961—2015 年,重庆地区年平均低温为 67.9 站次,以 1981 年最多(144 站次),2006 年最少(2 站次)(图 2-14)。55 年来,重庆地区有 3 年低温频数少于 10 站次,分别是 1973 年、1998 年、2006 年,有 9 年低温频数多于 100 站次。从变化趋势来看,低温日数存在减少的变化趋势,减少速率为 −5.1 站次/10a,通过了 95% 的信度检验。1961—2015 年重庆年低温频数具有明显的阶段性变化特征,其中 1961—1981 年、2007—2011 年呈上升趋势,1982—2006 年和 2012 年以来呈减少趋势。

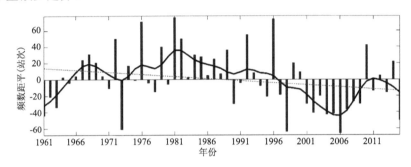

图 2-14　1961—2015 年重庆地区年低温频数距平变化

2.6　雾

雾的定义是贴地层空气中悬浮着大量水滴或冰晶微粒而使水平能见度距离下降到 1 km 以下的天气现象,地面水平能见度在 1~10 km 的天气现象定义为轻雾,雾与轻雾是近地层空气中水汽凝结(或凝华)的产物(吴兑 等,2007)。

由于重庆大多数站点在 1973 年后才有雾观测资料,考虑到资料的完整性,本节选用 1973—2015 年重庆 34 站雾观测资料分析重庆雾的变化特征。重庆 10 月至次年 2 月雾日数相对较多,占全年的 66%;3—9 月雾日相对较少,占全年的 34%;12 月是一年中最多的,平均有 6.8 d;8 月是最少的,平均仅 1.3 d(马学款 等,2007;向波 等,2003)。重庆雾主要发生在冬季,约占 41.3%,其次是秋季,占 31.7%,春季和夏季雾日较少,分别占年雾日数的 15.6% 和 11.4%。

重庆雾日数,以长江沿岸的忠县、丰都、涪陵、长寿和嘉陵江沿岸的合川、北碚等站居多,年平均雾日数在 45 d 以上,涪陵、长寿达 60 d 以上,涪陵最多为 74.8 d。万州、开县以西广大平行岭谷地区年平均雾日数大都在 30~50 d。而东北部沿江的云阳、巫山及巫溪,北部的城口,中部的石柱,东南部的彭水、酉阳等站,年均雾日偏少,在 20 d 以内,其中城口和巫山在 10 d 以内,为重庆雾日最少的地区。重庆年平均轻雾日的空间分布与雾分布基本相同,大值区集中在中部与西部,东北部与东南部相对较少。总的来说,重庆雾日、轻雾日的特点是:中西部多,东南东北部少,西部偏北地区多于西部偏南地区。

2.6.1　年平均雾日的变化

1973—2015 年,重庆年均雾日数为 37 d,呈显著减少趋势,减少率为 −2.1 d/10a,通过了 95% 的信度检验。重庆地区雾日数具有明显的阶段性变化特征(图 2-15),主要表现为:1993 年以前为雾日数显著增多阶段,1993—2010 年为持续减少阶段,2011—2015 年呈增多趋势。

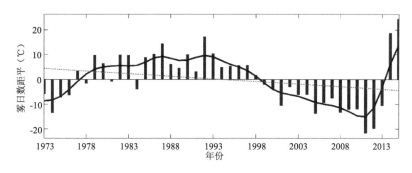

图 2-15　1973—2015 年重庆地区雾日数距平变化

2.6.2　各季雾日数的变化

表 2-1 给出了重庆地区每 10 年平均的雾日距平及 1973—2015 年的线性趋势。可见,四个季节雾日总体都呈线性下降趋势,冬季最为显著,为 -1.4 d/10a,通过 0.05 信度;春季、夏季和秋季减少趋势不显著。从阶段变化来看,20 世纪 70 年代除了夏季外都偏少,80 年代和 90 年代都偏多,2000—2015 年都偏少且偏少最多。春、秋和冬季三者都在 20 世纪 90 年代转为减少趋势,夏季更为提前,在 80 年代就转为减少趋势。1973—2015 年重庆地区平均春、夏、秋、冬季雾日与年雾日的相关系数分别为 0.58、0.69、0.78 和 0.78,均通过 0.001 信度,四季雾日与年雾日的变化比较一致。

表 2-1　重庆地区平均每 10 年平均雾日距平及
1973—2015 年的线性趋势(d; d/10a)(相对于 1973—2015 年)

年代	年	春季	夏季	秋季	冬季
1973—1980	-1.8	-0.9	0.1	-0.5	-1.2
1981—1990	6.9	0.7	1.0	1.7	3.0
1991—2000	4.8	0.7	-0.2	1.6	2.5
2001—2015	-6.8	-0.5	-0.6	-1.9	-3.3
1973—2015 年	$-2.1*$	-0.1	-0.1	-0.5	$-1.4*$

注:＊ 表示通过 95% 的信度检验。

2.6.3　轻雾日的变化

43 年来,重庆年均轻雾日数为 259.9 d,占全年的 71.1 %。其中中部与西部较多,东北部与东南部相对较少。总体上变化具有显著增多趋势,变化率为 12.2 d/10a,通过了 95% 的信度检验。有两个明显的阶段,1973—1981 年轻雾日偏少,1982—2006 年轻雾日偏多(图 2-16)。

2.7　霾

《地面气象观测规范》规定:霾是一种大量极细微的干尘粒等均匀地浮游在空中,使水平能见度小于 10 km,对视程造成障碍的天气现象(中国气象局,2003)。最新的《霾的观测和预报等级》(QX/T 113—2010)(中国气象局,2010)中雾、霾的定义,确定的雾和霾的界定标准是:在

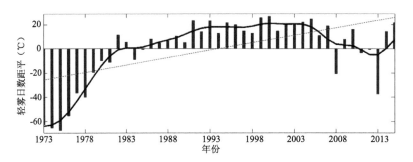

图 2-16　1973—2015 年重庆地区轻雾日数距平变化

排除降水、沙尘暴、扬沙、浮尘、烟幕、吹雪和雪暴等天气现象造成的视程障碍后,对于能见度小于 10 km,空气相对湿度≥95%的天气现象定义为雾,能见度小于 10 km,相对湿度<80%的则定义为霾;能见度小于 10 km,相对湿度为 80%～95%时,若 $PM_{2.5}$ 质量浓度大于 75 $\mu g/m^3$ 则定义为霾,若 $PM_{2.5}$ 质量浓度不大于 75 $\mu g/m^3$ 则定义为雾(曹伟华,2013)。

2013 年以前重庆地区气象站采用《地面气象观测规范》(中国气象局,2003)标准对霾进行人工观测;2013 年 2 月开始采用仪器自动观测,并使用了最新的《霾的观测和预报等级》(QX/T 113—2010)(中国气象局,2010)标准。由于观测标准的更换导致了 2013 年重庆地区霾日异常增多。本节根据最新霾的定义,使用重庆各站逐日降水量、能见度、相对湿度计算 1981—2013 年(常年)霾日,并与 2013 年进行比较(表 2-2)。

表 2-2　2013 年重庆各站霾日与常年距平

站名	日数	常年	距平	站名	日数	常年	距平
潼南	134	66.4	67.6	武隆	33	48.5	−15.5
合川	51	34.3	16.7	丰都	72	38.0	34.0
铜梁	94	72.9	21.1	垫江	43	44.2	−1.2
大足	63	62.6	0.4	忠县	27	53.2	−26.2
北碚	80	88.9	−8.9	梁平	75	58.8	16.2
璧山	164	96.5	67.5	万州	37	42.7	−5.7
渝北	69	54.6	14.4	云阳	81	49.8	31.2
长寿	108	83.9	24.1	开县	50	54.0	−4.0
荣昌	144	79.9	64.1	奉节	17	18.7	−1.7
永川	114	75.6	38.4	巫山	26	25.9	0.1
江津	116	85.5	30.5	巫溪	11	17.8	−6.8
巴南	127	93.8	33.2	城口	29	28.1	0.9
沙坪坝	150	118.8	31.2	秀山	86	97.2	−11.2
綦江	55	67.2	−12.2	酉阳	1	31.8	−30.8
万盛	48	71.5	−23.5	彭水	54	72.2	−18.2
南川	78	64.5	13.5	黔江	47	47.6	−0.6
涪陵	106	77.3	28.7	石柱	17	25.2	−8.2

结果表明,1981—2013 年重庆地区年平均霾日数为 60.2 d,与 2013 年相比,各站变化趋势不同,其中,北碚、綦江、万盛、武隆、垫江、忠县、万州、开县、奉节、巫溪、秀山、酉阳、彭水、黔江和石柱 2013 年霾日数较常年偏少,其余站偏多,其中潼南、荣昌、璧山偏多超过 60 d,沙坪坝常年霾日为 118.8 d,2013 年为 150 d,偏多 31.2 天,2008 年霾日最少(20 d),2007 年次之(45 d);万州 2013 年霾日 37 d,较常年(42.7 d)偏少 5.7 d;涪陵 106 d,较常年(77.3 d)偏多 28.7 d;彭水 54 d,较常年(72.2 d)偏少 18.2 d(图 2-17)。

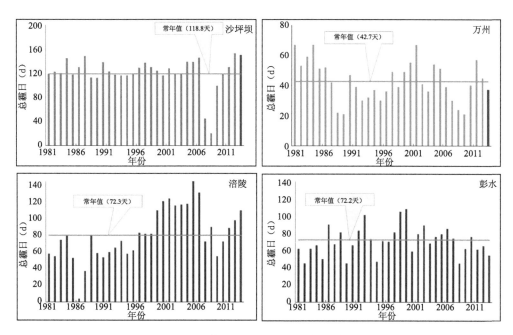

图 2-17 1981—2013 年沙坪坝、万州、涪陵、彭水逐年霾日变化

从图 2-18 可见,重庆全市平均而言,7 月、10 月和 11 月霾日较少,一般不足 4 d,3 月最多,达 7.5 d;沙坪坝秋末冬初(10—12 月)霾日较少,不超过 7 d;初春(3 月)霾日较多,超过 14 d。

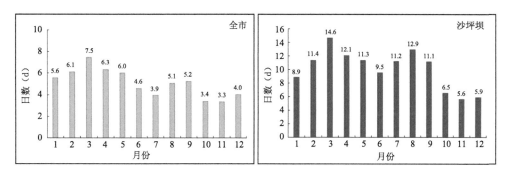

图 2-18 2000—2013 年重庆全市、沙坪坝逐月平均霾日变化

2.8 雷暴

重庆是雷电灾害发生较为频繁的地区之一,就雷电引发的雷灾数、人员死伤总数、死亡数、受伤数而言,重庆地区位列全国中下水平,据统计,1997—2006年,重庆地区发生321例雷灾,造成106人死伤,其中50人死亡、56人受伤(马明,2008)。

鉴于重庆大多数站点在1973年后才有雷暴观测资料,考虑到资料的完整性,选用1973—2012年重庆34站雷暴观测资料分析雷暴的变化特征。资料统计参照文献(池洪敏 等,2011)方法,观测资料上有闪电记录或雷暴记录的均作雷暴统计,一日中无论打一声雷还是打一整天雷,均计为一个雷暴日。据此统计重庆1973—2012年34个台站逐月的雷暴日数并建立了时间序列。

重庆地区雷暴以长江沿线和东南部较多,西北部和东北部相对较少;东南部与西北部、东北部年平均雷暴日数相差20 d左右。年平均雷暴日最大值出现在东南部,达45～50 d,其中有2个站年均雷暴日数超过45 d,分别是秀山、酉阳(46.7 d、49.7 d);中部地区年平均为38.8 d,各站点差异相对较小;东北地区年平均雷暴日数为36.9 d,属于重庆年平均雷暴日数的次低值区;西北部年平均雷暴日数为34.1 d,为最低值区;最小值出现在西北部的潼南,年平均雷暴日仅为27.1 d。这与重庆年降水日数的空间分布相近(陈忠,2003),表明重庆年平均雷暴日数空间分布与降水有很好的相关性。

重庆地区雷暴全年都可以发生,但主要集中于4—9月,4—9月累计平均雷暴日数为31.87 d,占全年雷暴总数的89.42%;其中7月、8月的雷暴日数最多,分别为8.41 d、7.64 d。1月、12月出现日数最少,平均为0.07 d、0.05 d,其次是2月和11月出现次数为0.51 d、0.78 d,这4个月累计约占全年雷暴日数的3.97%,也就是说,晚秋和冬季重庆地区出现雷暴的概率是非常小的。

2.8.1 雷暴日数的变化

据统计,1973—2012年重庆地区平均雷暴日数为35.71 d/a,平均历年雷暴日数变化不同,以1973年最多,达49.51 d,距平为13.76 d;2009年最少,仅为22.71d,距平为−13 d;从变化趋势来看,1973—2012年呈波动减少趋势,减少幅度为3.3 d/10a(图2-19)。

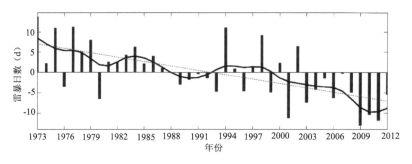

图2-19　1973—2012年重庆地区雷暴日数的年距平变化

2.8.2　雷暴日数年代际变化

以 1981—2010 年重庆地区雷暴日数 34.91 d 为常年值,分析 1973—2012 年每 10 年(其中 1973—1980 年为 8 年,2001—2012 年为 12 年)重庆地区雷暴的年代际距平(图 2-20a)。结果表明,重庆地区雷暴日数呈现出逐年代下降的变化趋势。在 20 世纪 70—90 年代,雷暴日数为正距平(距平值分别为 5.98 d、2.69 d 和 1.75 d);在 21 世纪最初 12 年,雷暴日数为负距平,达−4.56 d。对重庆地区过去 4 个时期月雷暴距平分析(图 2-20b),结果表明,在 70 年代,雷暴日数在 2 月、10 月和 11 月为弱负距平外,在其他月均为正距平;8 月雷暴日数在 70—90 年代为正距平,在 21 世纪最初 12 年为负距平,特别是在 2001—2012 年期间的 8 月,雷暴日数负距平最高(−2.6 d),2001—2012 年雷暴日数 1—12 月均为负距平。

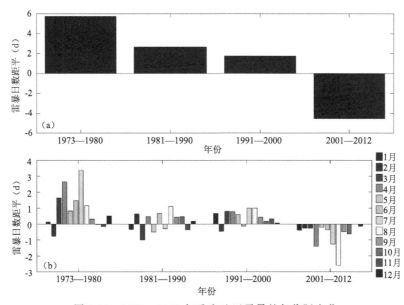

图 2-20　1973—2012 年重庆地区雷暴的年代际变化

2.9　大风

重庆市气象灾害标准(DB50/T 270−2008)将瞬时风力达 7 级(风速 13.9 m/s)以上的强风定义为大风。大风常和冰雹、暴雨等灾害天气同时出现,造成房屋倒塌,树木折断,农作物成片倒伏,人畜伤亡,破坏力极大。

近 55 年来,重庆地区年大风日数在东北部的奉节和巫溪较多,其中巫溪的大风日数最多,共出现了 517 d;另外,东南部的武隆与西部的永川和大足的大风日数也在 150 d 以上;大风出现较少的区域分布比较分散,城口、石柱、秀山、合川、潼南、南川、酉阳和黔江站的大风日数在 50 d 以下,其中城口站 55 年只出现了 11 d。

重庆地区各月均有大风出现,但季节间差异很大,春、夏季明显多于秋、冬季,其年变化属典型的双峰型,峰值分别出现在 4 月、5 月和 7 月、8 月,大风日数分别为 8.9 站次、7.8 站次和 11.0 站次、13.1 站次,这 4 个月的大风日数占全年大风日数的 74.1%,其中 8 月出现的次数最多为 13.1 站次,占全年大风日数的 23.7%。冬季大风出现次数较少,12 月、1 月和 2 月 3

个月只占全年的 8.3％。从单站来看,全年各月都出现过大风的区县有巫溪、沙坪坝和武隆,月大风日数最多的是巫溪的 4 月份,月平均大风日数为 1.7 d。

1961—2015 年,重庆年平均大风为 55 站次,以 1978 年最多(134 站次),1968 年最少(8 站次)(图 2-21)。从变化趋势来看,大风日数存在减少变化趋势,减少幅度为 0.3 站次/10a,未通过 95％的信度检验。1961—2015 年重庆年大风频数具有明显的阶段性变化,其中 20 世纪 60 年代和 1996 年至今以负距平为主,1973—1995 年以正距平为主。

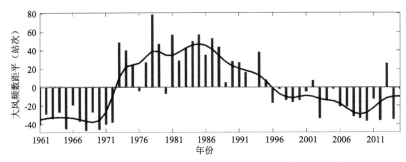

图 2-21　1961—2015 年重庆地区年大风频数距平变化

2.10　冰雹

冰雹是坚硬的球状、锥形或形状不规则的固态降水,冰雹天气出现时,通常伴随大风、暴雨出现,会给农业和人民生命财产造成重大损失,也是影响重庆的主要灾害性天气之一。

重庆地区冰雹天气受地形的影响,地区分布差异较大,呈东北与东南部多、西部少的分布特征。东南部和东北部冰雹日数在 10 d 以上,其中酉阳冰雹日数最多,达 52 d,其次为奉节 23 d;中部和东北部的城口次之,冰雹日数在 10 d 上下;西部最少,冰雹日数基本在 10 d 以下,其中大足、荣昌、北碚 3 站冰雹天气极少,1973 年以来都只出现过 1 次冰雹天气。1961—2015 年重庆地区共发生 325 站次的冰雹灾害性天气,其中春季发生站次最多,属春雹型,占全年冰雹日数的 64.6％,3 月、4 月冰雹总日数为 76 站次和 86 站次。9—12 月出现冰雹频次偏少,仅占全年的 2.2％,其中 10 月无冰雹天气现象发生。值得注意的是,1983 年、1993 年均在 4 月 25 日同时有 4 个、6 个区县出现冰雹灾害性天气。

1961—2015 年重庆地区年平均冰雹日数为 5.9 站次,以 1993 年最多(16 站次),1969 年、2012 年和 2014 年无冰雹天气出现(图 2-22)。从变化趋势来看,年冰雹频次为减小趋势,减少幅度为 0.3 站次/10a,未通过 95％的信度检验。

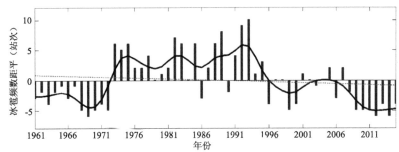

图 2-22　1961—2015 年重庆地区年冰雹频数距平变化

参考文献

曹伟华,梁旭东,李青春,2013.北京一次持续性雾霾过程的阶段性特征及影响因子分析[J].气象学报,71(5):940-951.

陈忠,陈华芳,王建力,等,2003.重庆市降水量的时空变化[J].西南师范大学学报,28(4):644-649.

程炳岩,郭渠,孙卫国,2011.重庆地区最高气温变化与南方涛动的相关分析[J].高原气象,30(1):164-173.

程炳岩,郭渠,张一,等,2011.三峡库区高温气候特征及其预测试验[J].气象,37(12):1553-1562.

程炳岩,孙卫国,郭渠,2010.重庆地区夏季高温的气候特征与环流形势分析[J].西南大学学报(自然科学版),32(1):73-80.

池洪敏,彭琳毅,郭渠,等,2011.重庆雷暴的气候特征分析[J].西南大学学报(自然科学版),33(1):103-111.

冯佩芝,李翠金,李小泉,等,1985.中国主要气象灾害分析[M].北京:气象出版社,110-117.

高阳华,唐云辉,冉荣生,2002.重庆市伏旱发生分布规律研究[J].贵州气象,26(3):6-11.

郭渠,孙卫国,程炳岩,等,2009.重庆近 48 年来高温天气气候特征及其环流形势[J].长江流域资源与环境,18(1):52-59.

李梗,刘晓冉,刘德,等.2011.重庆市伏旱变化的时空特征分析[J].气象科技,39(1):27-32.

李永华,刘德,向波,2003.重庆市近 50 a 来高温变化多时间尺度分析[J].气象科学,23(3):325-331.

李永华,毛文书,高阳华,等,2006.重庆区域旱涝指标及其变化特征分析[J].气象科学,26(6):638-644.

林德生,吴昌广,周志翔,等,2010.三峡库区近 50 年来的气温变化趋势[J].长江流域资源与环境,19(9):1037-1043.

刘德,李永华,高阳华,等,2005.重庆夏季旱涝的欧亚环流特征分析[J].高原气象,2005,24(2):275-279.

马明,吕伟涛,张义军,2008.1997—2006 年我国雷电灾情特征[J].应用气象学报,19(4):393-400.

马学款,蔡芗宁,杨贵名,等,2007.重庆市区雾的天气特征分析及预报方法研究[J].气候与环境研究,12(6):795-803.

冉荣生,唐云辉,高阳华,2002.重庆市春季干旱时空分布特征研究[J].贵州气象,26(2):8-11.

唐云辉,高阳华,冉荣生,2002.重庆市夏季干旱时空分布特征研究[J].贵州气象,26(2):14-18.

吴兑,邓雪娇,毛节泰,等,2007.南岭大瑶山高速公路浓雾的宏微观结构与能见度研究[J].气象学报,(65):406-415.

向波,刘德,廖代强,2003.重庆雾的特点及其变化分析[J].气象,29(2):48-52.

叶殿秀,邹旭恺,张强,等,2008.长江三峡库区高温天气的气候特征分析[J].热带气象学报,24(2):200-204.

张家诚,林之光,1985.中国的气候[M].西安:陕西人民出版社.

张天宇,程炳岩,唐红玉,等,2011.重庆极端高温指标的对比及其与区域性增暖的关系[J].热带气象学报,2011,27(3):587-593.

中国气象局,2003.地面气象观测规范[M].北京:气象出版社,121-127.

中国气象局,2010.霾的观测和预报等级(QXT 113—2010)[S].北京:气象出版社.

邹旭恺,张强,叶殿秀,2005.长江三峡库区连阴雨的气候特征分析[J].灾害学,20(1):84-89.

第 3 章　重庆气候变化主要原因分析

　　摘　要：近 100 年重庆气温变化主要经历了明显的暖—冷—暖阶段性变化，近 20 年的增暖有一部分原因是由于重庆本地气温的年代际变率造成；重庆气温的变暖，与太阳黑子的减弱是有关联的，特别是 20 世纪 90 年代中后期以来，两者负相关显著；气溶胶的冷却效应在很大程度上可以解释重庆地区 20 世纪 80 年代气温偏低及之后偏暖阶段起始时间滞后于全国其他地方 10 年左右的现象；重庆直辖后经济社会快速发展，城市化下垫面环境改变，重庆中心城区增温的 50% 很可能来自于城市化进程加快带来的影响。

3.1　气候变化原因研究现状

　　气候变化的原因，可以说气候形成的因素都是气候变化的影响因素。但因气候具有不同的时间尺度和空间范围，气候变化也具有不同的时空变化尺度，使气候变化原因分析是一个极其复杂的科学问题。在漫长的地球历史中，气候始终处在不断地变化之中。究其原因，概括起来可分成自然的气候波动与人类活动的影响两大类。前者包括太阳辐射变化、地球轨道变化、火山爆发等；后者包括人类燃烧矿物燃料以及毁林等行为引起的大气中温室气体浓度的增加、硫化物气溶胶浓度的变化、陆面覆盖和土地利用的变化等。近代全球以及区域气候变化的检测和归因，特别是气候变暖的特征以及可能原因，是当前气候变化研究的一个核心问题（Ren et al，2008）。

3.1.1　近 100 余年来气候变化的原因

　　IPCC 第五次评估报告指出：1880—2012 年，全球地表温度升高了 0.85 ℃，陆地增温比海洋快，高纬度地区增温比中纬度地区大，冬半年比夏半年增温明显。近 100 余年来全球气候变化以全球平均气温波动式升温趋势为特征，全球气候变暖的总体趋势并没有因个别地区某个时段出现偏冷事件而发生改变（IPCC，2013）。

　　近 100 余年来（1909—2011 年）中国陆地区域平均增温速率高于全球平均值，达 0.9～1.5 ℃。各地近代气候变暖程度有明显差异，我国华北、东北、西北地区增温显著，在长江中下游地区、我国西南地区增温幅度较小（第三次气候变化国家评估报告，2015）。

　　IPCC AR$_4$ 用海洋大气耦合模式，综合考虑温室气体、气溶胶、火山活动、太阳辐照度、O$_3$ 等因素，模拟了 20 世纪全球平均地表温度的变化，除 20 世纪 30 年代后期至 40 年代中期的温度、50 年代初期和中期的两个谷值未能模拟出来之外,1960 年之后模拟得较好。IPCC AR4 列举的对千年全球温度变化的数值模拟,在考虑火山活动与太阳活动的作用时能模拟出 12—14 世纪的变暖及 15 世纪、17 世纪、19 世纪的寒冷,对 20 世纪也能模拟出 40 年代的暖及 20 世纪最后 30 年的急剧变暖(IPCC,2007)。

　　许多研究表明,近 100 余年气候变化有自然因素如气候系统内部相互作用和变化、太阳活动、火山活动等的影响,但在很大程度上与温室气体(IPCC,2013)、气溶胶的排放(Charlson et al,1992)和土地利用(Pielke et al,2002)等人类活动有密切关联。

3.1.2　近 60 年来气候变化的原因

　　自 20 世纪 50 年代以来,许多观测到的变化在几十年乃至上千年时间里都是前所未有的,大气和海洋已变暖,积雪和冰量已减少,海平面已上升,温室气体浓度已增加。1983—2012 年可能是近 1400 年来最暖的 30 年。二氧化碳、甲烷和氧化亚氮的大气浓度至少已上升到过去 80 万年以来前所未有的水平。海洋吸收了大约 30% 的人为二氧化碳排放,这导致了海洋酸化。IPCC 第五次评估报告对人类活动和全球变暖之间的因果关系得到进一步确认。已经在大气和海洋的变暖、全球水循环的变化、冰雪量的减少、全球平均海平面上升以及一些极端气候事件的变化中检测到人为影响。自第四次评估报告以来,有关人类影响的证据有所增加,人类活动极有可能(95% 以上可能性)是观测到的 20 世纪中叶以来变暖的主要原因,人类活动对全球变暖的贡献约为一半以上(IPCC,2013)。

3.2　重庆气候变化的可能原因

　　重庆气候变化,是全球气候变化背景下的局地气候响应变化,其基本的波动性趋势变化和阶段性转变特征和全球、中国区域气候变化是一致的,但也有自己变化的特殊性。关于其主要特征的形成原因,应该说与全球和中国气候变化原因一致的。基于目前我国西南地区气候变化归因分析研究不足的现状,仅从区域气候变率、太阳活动、大气气溶胶、城市化几个方面归纳探讨重庆气候变化特殊性的可能形成原因。

3.2.1　区域气候变率

　　重庆主城 1924—2015 年年平均气温变化总体上有弱的上升趋势,上升速率为每 100 年 0.1 ℃。但阶段性变化特征明显,主要经历了暖—冷—暖阶段性转折变化,1924—1948 年和 1997—2015 年为偏暖阶段,1949—1996 年为偏冷阶段,尤以 1997—2015 年的偏暖阶段最显著,而且这一偏暖阶段和全国其他地方相比开始时间滞后 10 年左右(白爱娟 等,2007;唐国利 等,2005;郭渠 等,2009)。

　　重庆气温序列变化显著的阶段性特征,前后偏暖阶段的再现也是序列可能存在准周期变化的反映。周期检测重庆气温变化主要以 2～4 年周期为主,另外一个显著周期为 50 年左右,尽管由于样本长度所限,该周期仍位于头部效应影响区内,但也能说明 1997 年以来的偏暖阶段出现,重庆区域自身变率的影响起到一定作用。

3.2.2　太阳活动

从重庆主城气温年际变化和太阳黑子相对数的年际变化来看,两者的相关并不显著。分别提取沙坪坝气温和太阳黑子相对数 9 年以上年代际变化部分,可见,气温与太阳黑子相对数显著反相关,相关系数为－0.31,可以通过 0.01 的信度检验(图 3-1),说明气温的变暖,与太阳黑子的减弱是有关联的,特别是最近的 11 年,负相关显著。从图中仍可见,平均气温在 20 世纪 80 年代左右发生了周期的转折,80 年代以前,准 10 年周期为主,80 年代以后,10 年左右周期消失,30 年左右的周期显著,这是否也意味着,重庆 90 年代中期开始的增温可能也是一种年代际自身变率调整的结果。但由于样本长度所限,更长尺度的周期没法验证。

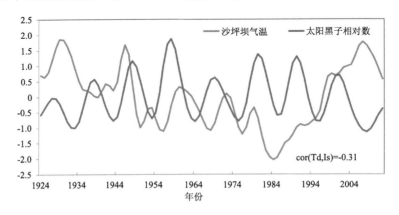

图 3-1　1924—2012 年年平均气温及太阳黑子相对数
标准化距平 9 点二项式平滑曲线

3.2.3　大气气溶胶

大气气溶胶在一定浓度范围内,气溶胶粒子阻挡了太阳光线的透过,使达到地面的太阳辐射量减少,从而降低了地面温度,这就是大气气溶胶的降温气候效应。

据陈隆勋等(1991)对中国近 40 年来气温变化的分析,在全国大范围地区气温上升的背景下,四川地区气温有显著的下降。李晓文等(1995)的研究结果也表明,20 世纪 80 年代中国大部分地区气温为正距平,但长江中下游地区出现气温的负距平区,其中尤以川渝盆地最为突出,其原因可能与人类工业活动引起大气气溶胶含量的增加有关。周秀骥等(1998)研究表明,气溶胶的辐射强迫与气溶胶的分布和云覆盖的关系密切。在我国主要表现为两块明显的大值区:一为青藏高原北侧到黄河中上游及河套地区;二为川渝盆地、贵州北部到长江中游以南地区。由于气溶胶的影响,中国大陆地区地面气温均有所下降,但各地降温程度不等。罗云峰等(2001)分析了 20 世纪 80 年代中国地区气溶胶光学厚度的平均状况,指出 1979—1990 年全国 41 个站点中,气溶胶光学厚度以成都和重庆两站最大,川渝盆地 80 年代气温的负距平区基本上对应于气溶胶光学厚度的明显增长及高值区。

罗宇翔等(2012)分析了近 10 年中国大陆 MODIS 遥感气溶胶光学厚度特征,川渝盆地是中国年平均气溶胶光学厚度的最高值中心,年平均气溶胶光学厚度在 0.9 左右。对于不同月份,气溶胶光学厚度分布也有许多差异,川渝盆地在各月均是大值中心。重庆的中西部地区都是气溶胶光学厚度的高值区,东北部和东南部山区气溶胶光学厚度值较小。

张天宇(2017)利用 MODIS 遥感气溶胶光学厚度和地面气象数据,研究建立了川渝地区 1961—2013 年气溶胶光学厚度长序列,探讨了其与气温的联系(图 3-2)。川渝盆地气温自 20 世纪 60 年代以来不断下降,到 80 年代达到最低值,90 年代中后期(1997 年左右)开始显著增暖,比全国、全球 20 世纪 80 年代中期开始的增暖明显滞后。而盆地气溶胶光学厚度从 1961—1996 年不断增加,线性增加趋势十分显著,尤其是从 20 世纪 80 年代到 90 年代中期显著增加且维持在较高值,气溶胶的冷却效应在很大程度上可以解释川渝盆地在此段时期气温偏低。就季节而言,春季气溶胶光学厚度的显著增加对川渝盆地春季气温变冷的作用相比其他季节最明显。此外,川渝盆地气溶胶光学厚度与气温的负相关关系表明 1961—1996 年气溶胶光学厚度与平均最高气温的相关要明显高于与平均最低气温的相关。

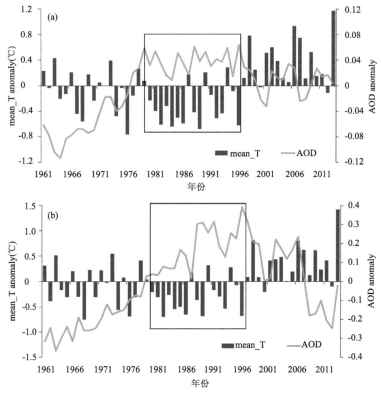

图 3-2　1961—2013 年川渝盆地(a)、重庆(b)年平均气温和
AOD 距平变化(相对于 1961—2013 年)

综上所述,大量研究表明,气溶胶光学厚度年平均分布,以川渝盆地为大值中心向四周减少,由于气溶胶的影响,川渝盆地降温最为明显,可达−0.4 ℃。因而,重庆 20 世纪 80 年代气温偏冷和之后偏暖阶段的起始时间滞后于全国其他地区 10 年左右,主要可由人类活动造成的气溶胶光学厚度增加得以解释。

3.2.4　城市化下垫面改变

城市化下垫面改变是一种最强烈的土地利用变化(Shepherd et al,2005),也是全球变化的重要组成部分。21世纪两个重要的全球性环境现象,城市化和气候变化之间的联系也日益紧密(Seto and Shepherd,2009)。

城市化对观测气温的影响,是评估全球气候变暖幅度中不确定性的一个重要来源(龚道溢等,2002)。2003年Kalnay等提出利用观测气温与NCEP/NCAR再分析气温的差值OMR(Observation Minus Reanalysis)方法来估算城市化和其他土地利用变化对气候的影响。这种方法的基本原理在于NCEP/NCAR再分析资料能够表现出由温室气体增加和大气环流改变等引起的大尺度气候变化,并且由于其同化系统中没有使用地表观测数据,故NCEP再分析地表气温资料对城市化和其他土地利用变化等下垫面状况不敏感,因此,将地表观测气温减去再分析气温就能将局地近地表气温变化信息从全球变暖中剥离出来(Kalnay和Cai,2003)。

分析重庆沙坪坝站各年代观测平均气温和NCEP/NCAR再分析平均气温(简称NNR)的变化(表3-1)。20世纪60年代观测资料为−0.03℃、NNR资料为−0.53℃,观测气温低于NNR气温0.56℃;70年代,观测资料平均气温为−0.06℃、NNR资料为−0.22℃,观测气温高于NNR气温0.16℃;80年代,观测资料平均气温为−0.37℃、NNR资料为−0.25℃,观测气温低于NNR气温0.12℃;90年代,观测资料平均气温为0.01℃、NNR资料为−0.04℃,观测气温与NNR气温基本持平;21世纪前10年,观测资料平均气温为0.34℃、NNR资料为0.27℃,观测气温比NNR气温高出0.07℃。可见,对于重庆沙坪坝站20世纪90年代以后开始的升温,观测资料比NNR资料明显,这也与重庆90年代才开始的城市化快速发展阶段相一致,1997年后观测气温的增温幅度为0.33℃,同期NNR气温为0.18℃,对比观测气温和NNR气温之间0.15℃的差值可认为是城市化的贡献。

表3-1　重庆沙坪坝站观测与NNR平均、最低、最高气温差及相关系数(℃)

		1960—1969年	1970—1979年	1980—1989年	1990—1999年	2000—2009年
平均气温	OBS	−0.03	−0.06	−0.37	0.01	0.34
	NNR	−0.53	−0.22	−0.25	−0.04	0.27
	COR	0.66	0.65	0.79	0.74	0.72
	OMR	−0.56	0.16	−0.12	0.05	0.07
最高气温	OBS	−0.36	−0.29	−0.28	−0.04	0.30
	NNR	1.07	−0.24	−0.22	−0.07	0.03
	COR	0.76	0.75	0.84	0.79	0.76
	OMR	−1.43	−0.05	−0.06	0.03	0.27
最低气温	OBS	0.29	0.24	−0.54	−0.02	0.47
	NNR	−0.02	−0.36	−0.36	−0.01	0.63
	COR	0.65	0.65	0.76	0.72	0.74
	OMR	0.31	0.60	−0.18	−0.01	−0.16

分析以重庆主城为核心的都市圈1980年以来观测气温和NNR气温的增温趋势,实际观测气温的平均增温幅度在0.2~0.3℃/10a,而NNR气温增温幅度明显偏小且表现出区域内基本一致的增温变化,平均增温幅度0.13℃/10a,较观测气温偏小0.15℃/10a。因此,城市化对区域变暖的平均贡献率约为50%,近郊和远郊站也受到了城市化进程加快的影响(白莹莹等,2015)。

参考文献

《第三次气候变化国家评估报告》编委会,2015.第三次气候变化国家评估报告[M].北京:科学出版社.

白爱娟,翟盘茂,2007.中国近百年气候变化的自然原因讨论[J].气象科学,27(5):584-590.

白莹莹,程炳岩,王勇,等,2015.城市化进程对重庆夏季高温炎热天气的影响[J].气象,41(3):319-327.

龚道溢,王绍武,2002.全球气候变暖研究中的不确定性[J].地学前沿,9(2):371-376.

郭渠,孙卫国,程炳岩,等,2009. 重庆市气温变化趋势及其可能原因分析[J].气候与环境研究,2009,(6):646-656.

罗宇翔,陈娟,郑小波,等,2012.近 10 年中国大陆 MODIS 遥感气溶胶光学厚度特征[J].生态环境学报,21(5):876-883.

罗云峰,李维亮,周秀骥,2001:20 世纪 80 年代中国地区大气气溶胶光学厚度的平均状况分析[J].气象学报,59(1):77-87.

唐国利,任国利,2005.近百年来中国地表气温变化趋势的再分析[J].气候与环境研究,10(4):791-798.

张天宇,王勇,程炳岩,2017.1961-2013 年四川盆地气溶胶光学厚度的长期变化与气候的联系[J].环境科学学报,37(3):793-802.

周秀骥,李维亮,罗云峰,1998.中国地区大气气溶胶辐射强迫及区域气候效应的数值模拟[J].大气科学,22(4):418-427.

Charlson R J, Schwartz S E, Hales J M, et al, 1992. Climate forcing by anthropogenic aerosols[J]. Science, 255:423-430.

IPCC, 2007, Climate Change 2007:The Scientific Basis. Contribution of Working Group I to the Four Assessment Report of the Intergovernment Panel on Climate Change. Cambridge University Press.

IPCC, 2013. Climate Change 2013:The Scientific Basis. Contribution of Working Group I to the Four Assessment Report of the Intergovernment Panel on Climate Change. Cambridge University Press.

Kalnay E, Cai M, 2003. Impact of urbanization and land-use change on climate[J]. Nature, 423:528-531.

Li Xiaowen, Zhou Xiuji, Li Weiliang, et al, 1995. The cooling of Sichuan province in recent 40 years and its probable mechanisms[J]. Acta Meteor Sinica, 9(1):57-68.

Pielke Sr R A, Marland G, Betts R A, et al, 2002:The influence of land-use change and landscape dynamics on the climate system:relevance to climate-change policy beyond the radiative effect of greenhouse gases[J]. Philos Trans R Soc A-Math Phys Eng Sci, 360:1705-1719.

Ren G Y, Zhou Y Q, Chu Z Y, et al, 2008. Urbanization effects on observed surface air temperature trends in North China[J]. J. Climate,21(6):1333-1348.

Seto K C, Shepherd J M, 2009. Global urban land-use trends and climate impacts[J]. Current Opinion in Environmental Sustainability,1:89-95.

Shepherd J M, 2005. A review of current investigations of urban-induced rainfall and recommendations for the future[J]. Earth Interact. 9:1-27.

第4章　重庆未来气候的可能变化

摘　要：利用国家气候中心发布的《中国地区气候变化预估数据集》Version3.0数据，分析了两种排放情景下重庆未来气候的可能变化。结果表明，两种排放情景下未来30年重庆年和四季平均气温呈现一致的增加趋势。高排放情景下升温趋势大于低排放情景下的升温趋势。低排放情景下，区域气候模式预估未来30年重庆年和四季平均气温将分别升高0.9 ℃（年）、1.0 ℃（春季）、0.7 ℃（夏季）、0.9 ℃（秋季）和0.9 ℃（冬季）；未来10年重庆年气温将升高0.8 ℃。两种情景下，重庆未来年降水量趋势变化不明显。重庆未来高温日数和热浪指数将显著增多。低排放情景下，未来30年重庆高温日数将增加6.0 d；热浪指数将增加5.3 d，暴雨日数将增加0.2 d，降水强度将增加0.04 mm/d。

4.1　未来情景、模式资料和方法

气候变化预估是对未来气候变化进行的估计。目前常用气候模式对未来气候进行预测，分析未来的气候变化趋势和变化幅度。考虑到人类活动对气候变化的影响，对未来气候变化预估也考虑了温室气体排放的不同可能情景。温室气体排放情景的构建经历了1990年构建的排放情景、IS92情景、SRES情景，到现在 RCPs 情景"典型浓度路径"（Representative concentration pathways，RCPs）。鉴于全球气候模式的空间分辨率较低，分辨率较高的区域气候模式在气候变化预估研究工作中也得到了广泛应用（张雪芹 等，2008，翟颖佳 等，2013）。

4.1.1　未来温室气体排放情景

政府间气候变化专门委员会（IPCC）在1990年、1992年和2000年曾发布3次未来温室气体排放情景并广泛应用于气候变化预估、影响评估以及选择应对气候变化的适应与减缓技术和政策过程中。在2006年 IPCC 第25次会议上，IPCC 提出本身不再开发情景，而由专业的研究团队承担起未来第五次评估报告（AR5）所需情景的开发任务，新未来温室气体排放情景已经产生（林而达 等，2008）。2011年 Climatic Change 出版了专号（Van et al，2011），介绍了新一代温室气体排放情景的设计并对4种情景分别作了详细的分析（Riahi，2011；Masui，2011；Thomson et al，2011；Van et al，2011）。

新一代温室气体排放情景称为"典型浓度路径"（Representative concentration pathways，RCPs），主要包括4种情景，分别称为 RCP8.5、RCP6.0、RCP4.5和 RCP2.6，其中前3个情景

大体同 2000 年方案中的 SRES A2、A1B 和 B1 相对应(王绍武 等,2012)。为方便理解,以下将 RCP8.5 和 RCP4.5 分别称为高排放情景和低排放情景。典型浓度路径的概念如表 4-1 所示。

表 4-1　典型浓度路径(引自王绍武 等,2012)

情景	描述
RCP8.5	2100 年辐射强迫上升到 8.5 W/m^2,CO$_2$ 当量浓度达到约 1370 ppm
RCP6.0	2100 年辐射强迫稳定在 6.0 W/m^2,CO$_2$ 当量浓度稳定在约 850 ppm
RCP4.5	2100 年辐射强迫稳定在 4.5 W/m^2,CO$_2$ 当量浓度稳定在约 650 ppm
RCP2.6	辐射强迫在 2100 年之前达到峰值,到 2100 年下降到 2.6 W/m^2,CO$_2$ 当量浓度峰值约 490 ppm

4.1.2　气候变化预估研究进展

第二次气候变化国家评估报告利用多个气候系统模式集合平均预估,到 21 世纪末,中国年平均气温在 A2(高排放)、A1B(中排放)和 B1(低排放)情景下将比 1980—1999 年平均分别增加约 4.6 ℃、3.8 ℃和 2.5 ℃,比全球平均的温度增幅大;北方增幅大于南方。A1B 情景下,全国年平均降水有所增加,中心位于青藏高原南部和云贵高原,以及长江中下游地区,但变化趋势并非全年一致。夏季降水在除塔里木盆地西部等个别地区外,都表现为一致的增加趋势,而冬季青藏高原南部和华南部分地区降水减少,其他地区降水则增多(《第二次气候变化国家评估报告》编写委员会,2011)。21 世纪西南地区气候总体有显著变暖、变湿的趋势,在高、中和低排放情景下,21 世纪后期年平均气温分别比常年偏高 4.0 ℃、3.6 ℃和 2.4 ℃,增幅小于全国平均,年降水分别比常年偏多 9.1%、8.7%和 6.6%。西南地区冬季增暖幅度最大,夏季增暖幅度最小,夏季降水增幅最大。极端降水事件指数中的雨日数、降水强度、最大连续 5 d 降水、极端降水比例等将会有不同程度的增加,尤其是 21 世纪后期增加趋势更为显著;高温热浪、暖夜指数也将呈显著增加趋势。

有关重庆气候变化预估,以往利用 IPCC 第 4 次评估所提供的全球气候模式数据做了 21 世纪气温、降水和极端气候事件预估(程炳岩 等,2009;张天宇 等,2010;张天宇 等,2009)。结果表明,21 世纪重庆气候总体有显著变暖、变湿趋势。在 A2、A1B 和 B1 情景下,21 世纪后期(2071—2100 年)气温分别比常年(1971—2000 年平均)偏高 3.68 ℃、3.28 ℃和 2.26 ℃;年降水分别比常年偏多 5.24%、5.77%和 3.43%。从季节来看,冬季变暖最明显,春季降水增加较显著,秋季降水减少较明显。21 世纪重庆地区热浪指数和暖夜指数都将呈显著增加趋势,最大连续 5 d 降水均可能增加,尤其是 21 世纪后期相比 21 世纪前、中期增加更为显著。IPCC 第 5 次评估所用模式数据已经出炉,下面采用新一轮的模式数据对重庆气候变化的模拟和预估进行分析。

4.1.3　模式数据介绍

全球气候模式仍然是目前进行气候变化预估的主要手段,模式分辨率一般在 125～400 km。如要在更小尺度的区域进行气候变化预估,常用降尺度方法。目前主要有两种降尺度法:一种是统计降尺度法,一种是动力降尺度法。统计降尺度法是通过建立大尺度模式结果与观测资料之间的统计关系,从而得到降尺度结果。这个方法存在的主要问题是缺乏物理机制、变量之间协调性不够。动力降尺度是利用全球模式结果驱动区域气候模式模拟(《第二次气候变化国家评估报告》,2011)。

所用的模式数据为国家气候中心发布的《中国地区气候变化预估数据集》Version3.0数据,包括全球模式和区域模式。全球模式数据(以下简称 CMIP5 数据)是世界气候研究计划(WCRP)"耦合模式比较计划——阶段 5 的多模式数据",也是第五次评估报告所用模式。CMIP5 数据是由 21 个全球气候模式的模拟结果,经过插值计算将其统一到 1°×1°分辨率下,利用简单平均法集成的数据。区域气候模式数据是国家气候中心利用 RegCM4.0 单向嵌套 BCC_CSM1.1 全球气候模式的模拟结果。具体模式数据信息见表 4-2。

表 4-2　所用数据详细信息

模式	时空分辨率	情景	时段	要素
全球模式	月尺度,1°×1°	历史	1961—2005	平均气温、降水量
	月尺度,1°×1°	RCP8.5	2006—2050	平均气温、降水量
	月尺度,1°×1°	RCP4.5	2006—2050	平均气温、降水量
区域模式	月尺度,0.5°×0.5°	历史	1961—2005	平均气温、降水量
	月尺度,0.5°×0.5°	RCP8.5	2006—2050	平均气温、降水量
	月尺度,0.5°×0.5°	RCP4.5	2006—2050	平均气温、降水量
	日尺度,0.5°×0.5°	历史	1961—2005	最高气温、降水量
	日尺度,0.5°×0.5°	RCP8.5	2006—2050	最高气温、降水量
	日尺度,0.5°×0.5°	RCP4.5	2006—2050	最高气温、降水量

注:基准气候采用 IPCC 第五次评估报告所用基准,即 1986—2005 年共 20 年的平均态作为基准。

4.1.4　模式对重庆气候变化的模拟能力评估

4.1.4.1　气温模拟能力评估

对于气温平均态变化,采用 1961—1980 年与 1986—2005 年这两个 20 年时段平均气温的差值来表示气温平均态的变化(表 4-3)。观测表明,与 1961—1980 年气温平均态相比,1986—2005 年年平均气温基本没变,春季和夏季气温略偏低,秋季和冬季气温略偏高,冬季气温偏高幅度最大。区域气候模式模拟除夏季气温变化与观测相反外,其他季节变化方向一致,变化幅度均大于观测,冬季气温偏高幅度同样最大,而全球模式则表现为年和四季一致的增暖,春夏季的偏冷没能体现。总体来看,无论区域气候模式还是全球气候模式对重庆夏季气温平均态变化的模拟误差均较大,而年和其他季节,区域气候模式模拟的变化方向与观测一致但变化幅度较观测偏大,全球气候模式对冬季气温平均态变化模拟较好。

表 4-3　重庆平均气温平均态变化(℃)

气温	年	春季	夏季	秋季	冬季
观测	0.0	−0.2	−0.4	0.1	0.3
区域模式	0.3	−0.3	0.6	0.4	0.7
全球模式	0.3	0.2	0.2	0.4	0.4

注:1986—2005 年平均气温值减去 1961—1980 年平均气温值。

除平均态变化外,气候变化趋势也是我们最为关心的。表 4-4 给出重庆年和季节气候模式模拟与观测的 1961—2005 年气温变化趋势对比。观测表明,1961—2005 年重庆年平均气温和秋冬季平均气温有变暖趋势,春夏季平均气温有变冷趋势,但都不显著。区域气候模式模拟除夏季气温变化趋势与观测相反外,年和其他季节气温变化趋势与观测一致且变化趋势都通过了显著性检验,变化的速率大于观测;而全球模式则表现为年和四季一致的增暖趋势。与平均态变化检验类似,无论区域气候模式还是全球气候模式对重庆夏季气温的变化趋势模拟误差均较大,而年和其他季节,区域气候模式模拟的变化趋势与观测一致但变化速率较观测偏大,全球气候模式对冬季气温变化趋势模拟较好。

表 4-4　重庆 1961—2005 年平均气温变化趋势(℃/10a)

气温	年	春季	夏季	秋季	冬季
观测	0.01	−0.04	−0.16	0.07	0.13
区域模式	0.15**	−0.08	0.26**	0.17**	0.28**
全球模式	0.12**	0.06*	0.12**	0.17**	0.14**

注:* 表示通过 0.05 显著性检验,** 表示通过 0.01 显著性检验。

4.1.4.2　降水模拟能力评估

降水量平均态变化相较气温来看模拟结果更为复杂。观测表明,与 1961—1980 年平均降水相比,1986—2005 年年、春季和秋季平均降水都有所减少,秋季减少最多,夏季和冬季平均降水有所增多,夏季增多最明显。全球气候模式模拟结果年和秋季平均降水与观测变化方向一致,但变化幅度小于观测,其他季节降水的变化误差较大;区域气候模式只有冬季降水变化方向与观测一致,但变化幅度偏差也较大(表 4-5)。

表 4-5　重庆降水平均态变化(mm)

降水	年	春季	夏季	秋季	冬季
观测	−30.0	−18.8	34.2	−51.6	7.5
区域模式	18.4	12.4	−20.6	5.8	19.8
全球模式	−28.8	3.5	−9.7	−15.0	−7.6

注:1986—2005 年降水量减去 1961—1980 年降水量。

降水量趋势变化,表 4-6 给出重庆年和季节气候模式模拟与观测的 1961—2005 年降水变化趋势对比。观测表明,1961—2005 年重庆年和春季、秋季降水都有减少趋势,秋季降水减少显著,夏季和冬季降水有增多趋势。全球气候模式模拟年和秋季降水的变化趋势一致,其他季节变化趋势误差较大。区域模式模拟只有冬季降水变化趋势与观测一致。

表 4-6　重庆 1961—2005 年降水变化趋势(mm/10a)

降水	年	春季	夏季	秋季	冬季
观测	−5.18	−3.11	14.3	−17.7**	2.12
区域模式	13.1	8.96	−6.27	3.64	6.77
全球模式	−11.29**	1.74	−4.81	−5.4*	−2.81**

注:* 表示通过 0.05 显著性检验,** 表示通过 0.01 显著性检验。

4.2　重庆未来 30 年气候的可能变化

下面给出全球气候模式和区域气候模式预估的高排放和低排放情景下未来 30 年重庆气候的可能变化,气温重点考虑区域气候模式预估的结果,降水重点考虑全球气候模式预估的结果。

4.2.1　气温的变化趋势预估

图 4-1 所示为区域气候模式和全球气候模式预估的未来两种情景下重庆年平均气温的变化趋势。从图中可以看到,两种模式两种情景下重庆未来年平均气温都将呈升高趋势。未来 30 年,在低排放情景下,区域气候模式和全球气候模式的增温速率分别为 0.16 ℃/10a 和 0.38 ℃/10a;在高排放情景下,区域气候模式和全球气候模式的增温速率分别为 0.29 ℃/10a 和 0.49 ℃/10a(表 4-7),高排放情景下的增温速率大于低排放情景下的增温速率。按上述增温速率高、低排放情景下,21 世纪末期重庆年平均气温将升高 2.2 ℃和 1.2 ℃,增幅小于以往研究(程炳岩,2009)。

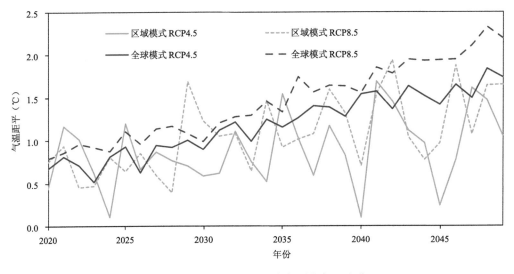

图 4-1　2020—2049 年重庆年平均气温变化

从季节来看,未来重庆四季气温均呈上升趋势,不同季节在不同情景下增温速率有所差异。在低排放情景下,区域气候模式预估春季增温变化趋势显著,年和其他季节增温变化趋势不显著,夏季和冬季增温速率相当;在高排放情景下,区域气候模式预估年、夏季和秋季增温变化趋势均显著,夏季和秋季增温速率相当且最大,冬季次之,春季增温变化趋势不显著。全球气候模式预估年和四季增温变化趋势都很显著,夏秋季增温速率大于春冬季,这与以往的研究有所不同(张天宇,2009),与我国其他地区冬季增温速率最大也有所不同(表 4-7)。

表 4-7　未来重庆平均气温季节变化趋势(℃/10a)

模式	情景	年	春季	夏季	秋季	冬季
区域模式	RCP4.5	0.16	0.27*	0.15	0.06	0.14
	RCP8.5	0.29**	0.15	0.36**	0.39*	0.29
全球模式	RCP4.5	0.38**	0.34**	0.37**	0.43**	0.38**
	RCP8.5	0.49**	0.48**	0.51**	0.52**	0.44**

注:* 表示通过 0.05 信度检验;** 表示通过 0.01 信度检验。

4.2.2　气温的变化幅度预估

表 4-8 给出区域气候模式和全球气候模式预估的两种情景下未来重庆年和四季气温距平的可能变化。从表中可以看到,无论区域气候模式还是全球气候模式,未来重庆年和四季气温距平都为正值。区域气候模式的预估结果表明,在低排放情景下,重庆未来 30 年年平均气温将比基准期偏高 0.9 ℃,春、夏、秋、冬四季偏高幅度分别为 1.0 ℃、0.7 ℃、0.9 ℃和 0.9 ℃。在高排放情景下,重庆未来 30 年年平均气温将比基准期偏高 1.2 ℃,春、夏、秋、冬四季偏暖幅度分别为 1.2 ℃、1.0 ℃、1.2 ℃和 0.9 ℃,春秋季的增幅略大于冬夏季。

表 4-8　未来重庆年和四季气温距平的可能变化(℃)

模式	年代	排放情景	年	春季	夏季	秋季	冬季
区域模式	2020—2029	RCP4.5	0.8	0.5	0.7	0.9	0.8
		RCP8.5	0.8	1.1	0.8	0.8	0.5
	2030—2039	RCP4.5	0.9	1.1	0.6	0.8	0.8
		RCP8.5	1.1	1.1	1.0	1.2	1.1
	2040—2049	RCP4.5	1.0	1.3	0.9	1.1	1.2
		RCP8.5	1.3	1.4	1.3	1.5	1.3
	2020—2049	RCP4.5	0.9	1.0	0.7	0.9	0.9
		RCP8.5	1.2	1.2	1.0	1.2	0.9
全球模式	2020—2029	RCP4.5	0.8	0.7	0.9	0.9	0.7
		RCP8.5	1.0	0.8	1.1	1.1	0.9
	2030—2039	RCP4.5	1.2	1.1	1.3	1.2	1.2
		RCP8.5	1.4	1.3	1.5	1.6	1.3
	2040—2049	RCP4.5	1.6	1.5	1.6	1.8	1.4
		RCP8.5	2.0	1.8	2.0	2.1	1.9
	2020—2049	RCP4.5	1.2	1.1	1.3	1.3	1.1
		RCP8.5	1.5	1.3	1.5	1.6	1.4

图 4-2 给出低排放情景下,区域气候模式预估的重庆未来逐年代年和四季气温距平的可能变化。从图上可以看出,年和春季、冬季平均气温逐年代增加,其他季节波动变化。夏季 2020—2029 年偏暖幅度较大,2030—2039 年偏暖幅度有所回落,2040—2049 年偏暖幅度又将增大;秋季与夏季情况类似。未来 10 年左右重庆年平均气温将偏高 0.8 ℃,春季、夏季、秋季

和冬季将分别比基准期偏高 0.5 ℃、0.7 ℃、0.9 ℃ 和 0.8 ℃。全球气候模式预估的增温幅度比区域气候模式预估增温幅度还要偏大,高排放情景下增温幅度也大于低排放情景下的增温幅度。

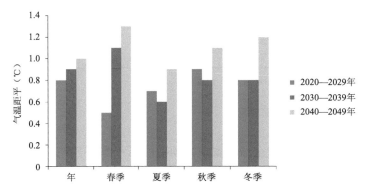

图 4-2　低排放情景下重庆年和四季逐年代气温距平变化

从表 4-8 中可以看出,全球气候模式预估的结果表明,在低排放情景下,重庆未来 30 年年平均气温将比基准期偏高 1.2 ℃,春、夏、秋、冬四季偏高幅度分别为 1.1 ℃、1.3 ℃、1.3 ℃ 和 1.1 ℃。在高排放情景下,重庆未来 30 年年平均气温将比基准期偏高 1.4 ℃,春、夏、秋、冬四季偏高幅度分别为 1.3 ℃、1.5 ℃、1.6 ℃ 和 1.4 ℃,夏秋季的增幅略大于春冬季,这与区域气候模式预估结果有所不同。相对其他季节,重庆未来 30 年秋季气温增幅较大是两个模式一致的结论。

图 4-3 给出两个模式两种排放情景下气温距平的月变化。从图中可以看出,区域模式重庆未来春秋季的增幅大主要是由 9 月和 3 月、5 月的增温幅度偏大所造成。全球模式夏秋季的增幅大主要是由 6 月和 9 月的增温幅度偏大引起的。

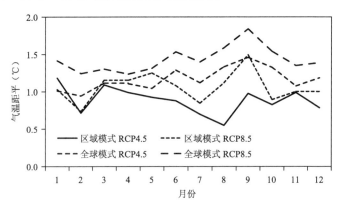

图 4-3　模式预估的重庆气温的月变化

4.2.3　降水的变化趋势预估

与气温相比,降水预估模式间的离差更大,模拟有更大的不确定性。图 4-4 所示为区域气候模式和全球气候模式预估的未来两种情景下重庆年降水的变化趋势。在低排放情景下,全球气候模式预估重庆未来 30 年年降水有显著增多趋势,变化速率为 0.98%/10a;其他模式和情景下重庆未来年降水的变化趋势都不明显。

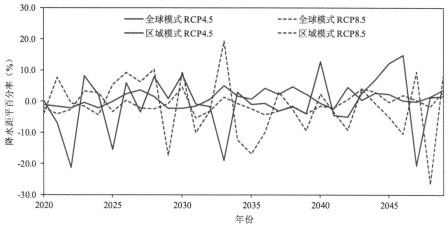

图 4-4　2020—2049 年重庆年降水的可能变化

从季节来看,不同模式不同情景下各个季节降水变化趋势表现出很大差异。在低排放情景下,全球气候模式预估重庆未来 30 年四季降水都将呈增多趋势,其中,年、春季增加趋势显著;而区域气候模式预估年、春季、夏季、秋季降水将呈增多趋势,冬季呈减少趋势,但都不显著。在高排放情景下,重庆未来 30 年秋季降水将呈减少趋势;区域模式预估结果也表明春季、夏季、秋季降水将呈减少趋势(表 4-9)。

表 4-9　未来重庆降水年和四季变化趋势(%/10a)

		年	春季	夏季	秋季	冬季
区域模式	RCP4.5	1.58	0.65	4.27	2.55	−3.42
	RCP8.5	−2.09	−0.81	−1.03	−8.99	2.59
全球模式	RCP4.5	0.98*	2.26**	0.24	0.35	2.01
	RCP8.5	0.80	2.85**	0.06	−0.76	1.28

注:* 表示通过 0.05 信度检验;** 表示通过 0.01 信度检验。

4.2.4　降水的变化幅度预估

图 4-5 给出区域模式预估的低排放情景下重庆未来年和四季的降水距平百分率变化。从图中可以看出,未来 10 年重庆年、春季和秋季降水都比基准期偏少,年降水将偏少 2.3%,秋季降水偏少最明显,将偏少 9.2%。2020—2029 年年降水偏少主要是秋季降水偏少造成。2030—2039 年重庆除冬季外,年和其他季降水都比基准期偏少,秋季偏少幅度最大,为 11.1%;2040—2049 年秋冬季降水较基准期偏少外,年和其他季节降水都比基准期偏多。

表 4-10 给出两个模式预估的两种情景下未来重庆年和四季降水相对基准期的距平百分率的可能变化。从表中可以看出,无论区域气候模式还是全球气候模式,未来秋季降水普遍偏少,年和其他季节降水幅度变化比较复杂。在低排放情景下,全球气候模式预估未来 30 年重庆秋季降水比基准期偏少 2.6%,区域气候模式预估偏少幅度更大;在高排放情景下,全球气

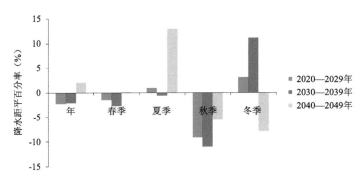

图 4-5　低排放情景下重庆年和四季逐年代降水距平百分率变化

候模式预估未来 30 年秋季降水比基准期偏少 3.7％,区域气候模式预估偏少幅度更大。对年降水而言,在低排放情景下,全球气候模式预估未来 30 年重庆年降水比基准期偏多 0.9％,而区域气候模式则相反,预估未来 30 年重庆年降水比基准期偏少 0.8％;在高排放情景下,全球气候模式和区域气候模式预估未来年降水都比基准期偏少,偏少幅度为 0.9％～1.9％,区域气候模式预估的偏少幅度大于全球气候模式。

表 4-10　未来重庆年和四季降水的可能变化(％)

模式	年代	排放情景	年	春季	夏季	秋季	冬季
区域模式	2020—2029	RCP4.5	−2.3	−1.5	1.0	−9.2	3.1
		RCP8.5	1.1	−2.0	0.8	9.9	−4.0
	2030—2039	RCP4.5	−2.1	−2.7	−0.7	−11.1	11.2
		RCP8.5	−3.3	−0.1	3.5	−17.6	0.3
	2040—2049	RCP4.5	2.1	0.2	13.0	−5.5	−7.9
		RCP8.5	−3.2	−2.5	−2.2	−10.5	1.1
	2020—2049	RCP4.5	−0.8	−1.3	4.4	−8.6	2.1
		RCP8.5	−1.8	−1.5	0.7	−6.1	−0.9
全球模式	2020—2029	RCP4.5	−0.2	0.7	1.6	−4.7	0.4
		RCP8.5	−1.1	1.4	−2.7	−2.2	0.5
	2030—2039	RCP4.5	1.7	2.6	1.5	1.0	1.7
		RCP8.5	−1.9	1.8	−3.8	−3.5	−2.2
	2040—2049	RCP4.5	1.1	4.3	1.2	−4.2	4.9
		RCP8.5	0.7	7.3	−1.6	−5.4	3.2
	2020—2049	RCP4.5	0.9	2.5	1.4	−2.6	2.3
		RCP8.5	−0.8	3.5	−2.7	−3.7	0.5

　　图 4-6 给出两个模式预估的两种情景下未来重庆市降水的月变化。从图中可以看出,全球模式 3 月和 5 月份降水偏多;9 月和 10 月降水偏少,而区域模式模拟的偏多月份在 2 月、4 月、7 月和 8 月,偏少月份在 3 月、5 月和 11 月。

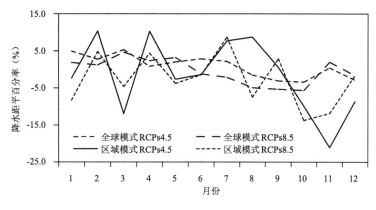

图 4-6　模式预估的重庆降水的月变化

4.3　重庆未来 30 年极端气候事件的可能变化

4.3.1　极端气候事件指数定义

选取常用的 6 个极端气候事件指数：高温日数（T35D）、热浪指数（HWDI）、中雨日数（R10）、大雨日数（R20）、暴雨日数（R50）和降水强度（RI）。指数的具体定义见表 4-11。

表 4-11　极端气候事件指数定义

指数	缩写	定义	单位
高温日数	T35D	日最高气温达到或超过 35 ℃的天数。	d
热浪指数	HWDI	日最高气温高于 1971—2000 年 30 年平均值 5 ℃以上且持续 5 d 以上的最长天数。	d
中雨日数	R10	日降水量≥10 mm 的天数。	d
大雨日数	R20	日降水量≥20 mm 的天数。	d
暴雨日数	R50	日降水量≥50 mm 的天数。	d
降水强度	RI	总降水量/降水日数	mm/d

4.3.2　高温热浪事件预估

图 4-7 给出区域气候模式预估的两种情景下未来 30 年重庆高温日数和热浪指数的变化，可以看出高温日数和热浪指数都有显著增多的趋势。在低排放情景下，高温日数和热浪指数的变化速率分别为 1.1 d/10a 和 1.4 d/10a；在高排放情景下，高温日数和热浪指数的变化速率分别为 4.2 d/10a 和 3.1 d/10a。未来两种情景下高温日数和热浪指数的变化幅度见表 4-12。

从表中可以看出，未来重庆高温热浪事件指数都有所增加。在低排放情景下，未来 30 年重庆高温日数将比基准期增多 6.0 d/a，热浪指数将比基准期增多 5.3 d/a；在高排放情景下，未来 30 年重庆高温日数将比基准期增多 9.2 d/a，热浪指数将比基准期增多 6.3 d/a。

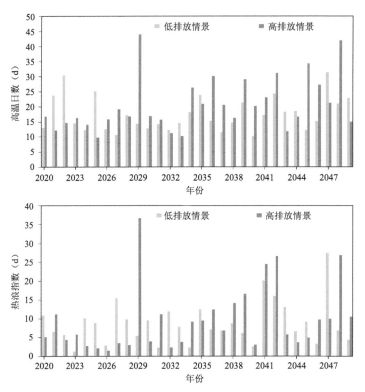

图 4-7   两种排放情景下 2020—2049 年重庆高温日数和热浪指数的可能变化

表 4-12   未来重庆高温热浪事件指数的可能变化(d/a)

年代	排放情景	T35D	HWDI
2020—2029	RCP4.5	5.9	4.3
	RCP8.5	6.5	4.1
2030—2039	RCP4.5	4.4	4.1
	RCP8.5	8.2	5.6
2040—2049	RCP4.5	7.7	7.5
	RCP8.5	12.8	9.1
2020—2049	RCP4.5	6.0	5.3
	RCP8.5	9.2	6.3

注:基准期为 1986—2005 年,下同。

从年代际变化来看,在低排放情景下,高温日数和热浪指数都将呈波动变化。相比基准期,2030—2039 年高温日数和热浪指数增多幅度小于 2020—2029 年增多幅度,2040—2049 年增多幅度又开始增大。在高排放情景下,高温日数和热浪指数将随年代际呈逐步增多变化,到 2040—2049 年高温日数和热浪指数分别比基准期增多 12.8 d/a 和 9.1 d/a。

4.3.3   极端降水事件预估

图 4-8 给出区域气候模式预估的两种情景下未来 30 年重庆中雨日数、大雨日数、暴雨日数和降水强度的变化,可以看出未来这 4 个极端降水事件指数的变化趋势都不明显。未来两种情景下中雨、大雨和暴雨日数和降水强度的变化幅度见表 4-13。

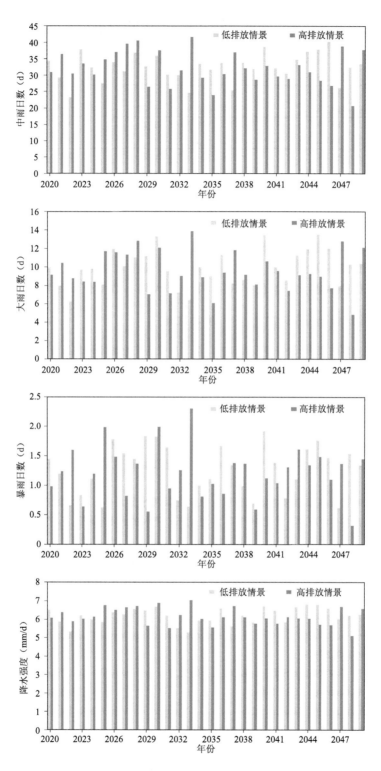

图 4-8　两种排放情景下 2020—2049 年
重庆极端降水事件指数的可能变化

表 4-13 未来重庆极端降水事件指数的可能变化

年代	排放情景	R10(d)	R20(d)	R50(d)	RI(mm/d)
2020—2029	RCP4.5	−1.1	−0.1	0.2	0.04
	RCP8.5	1.0	0.3	0.1	0.17
2030—2039	RCP4.5	−1.9	−0.5	0.1	−0.13
	RCP8.5	−1.3	−0.1	0.2	0.09
2040—2049	RCP4.5	1.3	1.2	0.3	0.32
	RCP8.5	−2.2	−0.5	0.1	−0.14
2020—2049	RCP4.5	−0.6	0.2	0.2	0.08
	RCP8.5	−0.8	−0.1	0.1	0.04

注：基准期为 1986—2005 年。

可以看到，两种排放情景下，未来 30 年（2020—2049 年平均）重庆中雨日数比基准期略偏少，暴雨日数比基准期略偏多，降水强度比基准期略偏强。在低排放情景下，2040—2049 年暴雨日数和降水强度偏多偏强幅度大于其他年代际；高排放情景下，2020—2029 年和 2030—2039 年降水强度偏强幅度大于其他年代际，中雨和大雨日数变化较为复杂。

参考文献

《第二次气候变化国家评估报告》编写委员会，2011.第二次气候变化国家评估报告[M].北京：科学出版社.

程炳岩，刘晓冉，张天宇，等，2009.基于全球气候系统模式结果的重庆 21 世纪气候变化预估分析[J].气象科技，37(4)：415-419.

林而达，刘颖杰，2008.温室气体排放和气候变化新情景研究的最新进展[J].中国农业科学，41(6)：1700-1707.

王绍武，罗勇，赵宗慈，等，2012.新一代温室气体排放情景[J].气候变化研究进展，8(4)：305-307.

翟颖佳，李耀辉，陈玉华，2013.全球及中国区域气候变化预估研究主要进展简述[J].干旱气象，31(4)：803-812.

张天宇，程炳岩，2010.重庆高温热浪指数和暖夜指数变化及其情景预估[J].气象科技，38(6)：695-703.

张天宇，王勇，程炳岩，等，2009.21 世纪重庆最大连续 5d 降水的预估分析[J].气候变化研究进展，5(3)：139-144.

张雪芹，彭莉莉，林朝辉，2008.未来不同排放情景下气候变化预估研究进展[J].地球科学进展，23(2)：174-185.

Masui T，Matsumoto K，Hijioka Y，et al，2011.An emission pathway for stabilization at 6 W/m² radiative forcing[J].Climatic Change，109：59-76.

Riahi K，Rao S，Krey V，et al，2011.RCP8.5：a scenario of comparatively high greenhouse gas emissions[J]. Climatic Change，109：33-57.

Thomson A M，Calvin K V，Smith S J，et al，2011.RCP4.5：a pathway for stabilization of radiative forcing by 2100[J].Climatic Change，109：77-94.

Van Vuuren D P，Edmonds J A，Kainuma M，et al，2011.A special issue on the RCPs[J].Climatic Change，109：1-4.

Van Vuuren D P，Edmonds J A，Kainuma M，et al，2011.The representative concentration pathways：an overview[J].Climatic Change，109：5-31.

Van Vuuren D P，Stehfest E，den Elzen M G J，et al，2011.RCP2.6：exploring the possibility to keep global mean temperature increase below 2℃[J].Climatic Change，109：95-116.

第 5 章 气候变化对重庆农业的影响与适应

摘 要：重点分析了气候变化对重庆农业气候资源、生产潜力、作物产量、植被以及农业气象灾害的影响，并对未来的可能影响进行了预估，最后提出了重庆地区农业适应气候变化的对策和措施。结果表明：(1)农业气候条件改变，多熟种植面积增加，作物生育期缩短，作物病虫危害加重，极端事件对农业的负面影响加重。(a)有利影响：热量条件改善，入春时间提前，春季低温冷害减少，春播季节提前，有利大春作物躲过伏旱危害；秋季热量条件好、秋绵雨减少，有利晚秋作物生长，近年来晚秋洋芋、秋菜、秋大豆播种面积增多，使农业复种指数增加；冬季变暖，霜冻减少，有利于发展晚熟柑橘，提高经济效益。(b)不利影响：由于温度升高，造成作物发育期提前、生育期缩短，导致农业气候生产潜力下降；气候异常，导致近年来水稻稻瘟病、水稻螟虫、稻飞虱、马铃薯晚疫病、森林虫害发生面积增加，发生期明显提前，危害加重。(2)未来影响：作物种植高度上升，复种指数增加，有利发展南亚热带水果、晚熟柑橘，但农业气象灾害和病虫害影响加重，作物产量变化存在区域差异。(3)适应气候变化的政策和措施：优化农业布局，改革种植制度；大力发展立体农业和生态农业；改善农业基础设施，提高农业应变能力和抗灾减灾水平；积极开展气候变化及农业对策措施的研究和开发。

5.1 重庆农业生产概况

重庆市属中亚热带湿润季风气候，具有温暖湿润、四季分明、冬暖春早、降水充沛、水热同季的特点。年平均气温 17～18 ℃，无霜期 325～345 d。年降水量 1000～1200 mm，平均每亩耕地拥有降水资源 600～2000 m³，是典型的雨养农业区。具有丰富的秋季气候资源，海拔 350 m 以下的丘陵地区 10 月上旬—中旬的气温可保持在 18 ℃ 左右，为晚秋作物的发展创造了良好的气候条件。

重庆市耕地土壤共有 8 类，其中水稻土约占 45%，主要分布在水热条件良好的丘陵低山区；紫色土占 31%，主要分布在 500 m 以下的丘陵地区，黄壤占 14%，集中分布在海拔 800～1500 m 的中低山地区。全市有栽培植物 560 多种，主要是水稻、玉米、小麦、红薯四大类，尤以水稻居首。除粮、油、蔬菜等农作物外，还有油菜、花生、油桐、乌桕、茶叶、蚕桑、黄红麻、烤烟等名优经济作物。果树作物主要有柑橘、梨、李、桃、枇杷、龙眼等，尤以柑橘最具盛名，有"柑橘之乡"美誉。

2015 年,重庆市全年粮食播种面积 3350.94 万亩*,油料播种面积 463.97 万亩,蔬菜播种面积 1097.50 万亩,水果种植面积 525.47 万亩。全年粮食总产量达 1154.89 万 t,其中,夏粮产量 148.45 万 t,秋粮产量 1006.44 万 t。全年农业总产值分别为 1033.68 亿元。

5.2 气候变化对重庆农业影响的观测事实

5.2.1 农业气候资源变化

5.2.1.1 ≥10 ℃活动积温的变化

作物生长季及各发育阶段的生长状况,在很大程度上取决于周围环境的热量状况。作物的生长发育不仅需要在一定的温度条件下进行,而且只有当热量累积到一定程度,才能完成其全生育期过程并获得产量。热量条件在很大程度上决定了当地的自然景观、栽培的作物种类、耕作制度以及各种农事活动,它是农业生产中有决定性意义的最重要的环境因子之一。

在热量资源分析的实际工作中,应用最广的是活动积温和有效积温。由于生物学下限温度不同,所以有很多种活动积温,重庆地区主要粮食作物是水稻、玉米等喜温作物,在分析农业气候资源时,比较常用的是≥10 ℃活动积温。

1961—2015 年,重庆市日平均气温稳定通过 10 ℃期间,≥10 ℃活动积温分布(图 5-1a)表现为自西向东递减的趋势。重庆市温度生长期内≥10 ℃活动积温分布为 4443.4～6397.7 ℃·d,研究期间,≥10 ℃活动积温气候倾向率为－17.1～86.4 ℃/10a,说明温度生长期内重庆市年均活动积温总体呈升高趋势,高值区(≥60 ℃·d/10a)分布在梁平、涪陵、巫溪、綦江、万盛、璧山、巫山、万州、铜梁、垫江等地。全市 95%的站点生长期内≥10 ℃的活动积温呈增加的趋势(图 5-1b),这为在该区域种植对积温要求较高的作物品种提供了可能性。

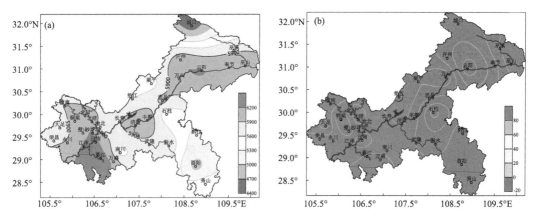

图 5-1　1961—2015 年重庆市≥10 ℃活动积温分布(a)及气候倾向率(b)(℃·d;℃·d/10a)

5.2.1.2 大春作物生长季降水和光照资源变化

重庆市的粮食生产习惯上分大春(秋粮)和小春(夏粮)两大类,大春作物主要是稻谷、玉

---

*　1 亩＝1/15 公顷(hm²),全书同。

米、少量薯类、大豆等；小春作物主要是小麦、油菜、胡豆、豌豆、薯类。按照大小春的种植季来划分主要粮油作物的生长季，大春作物 3—8 月，小春作物 11 至次年 5 月。

1961—2015 年重庆大春生长季降水量空间分布不均匀，局地差异大，大体上呈东南向西北逐渐减少的分布趋势，各地降水量为 683.8～950.1 mm。1961—2015 年大春生长季降水量气候倾向率为－29.5～23.5 mm/10a，降水量气候倾向率的空间分布差异明显，西部大部地区降水量呈增加趋势，最大增幅出现在璧山，其余地区降水量呈减少趋势，以东北部偏东地区减幅最大，偏南地区次之，最大减幅出现在东北部巫溪县(图 5-2)。

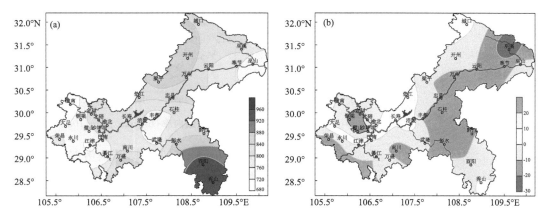

图 5-2 1961—2015 年大春生长季降水量分布(a)及气候倾向率分布(b)(mm；mm/10a)

1961—2015 年大春生长季内，各区县日照时数为 632.6～949.0 h，平均值为 829.7 h。近 7 成的区县日照时数在 800 h 以上，重庆市大春生长季内日照时数总体呈减少趋势，气候倾向率在－65.7～－3.9 h/10a，最低值出现在西部的璧山。重庆各地生长季内日照时数都呈减少趋势(图 5-3)，这种趋势可能导致作物光合速率降低，作物吸收的光合能量减少，光合产物减少，不利于有机物质的增加，最终影响作物生产潜力和产量。

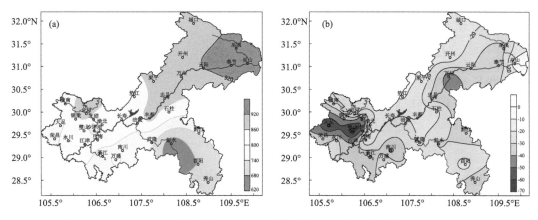

图 5-3 1961—2015 年大春生长季日照时数分布(a)及气候倾向率(b)(h；h/10a)

5.2.1.3 小春作物生长季降水和光照资源变化

1961—2015 年重庆市小春生长季降水量空间上仍呈东多西少的分布趋势，各地降水量为 304.4～575.2 mm。近 55 年来，小春生长季降水量气候倾向率空间分布差异明显，各地为

—32.5～5.0 mm/10a,除了西部偏北地区降水量呈增加趋势外,其余地区降水量都呈减少趋势,以东北部偏东地区减幅最大,偏南地区次之,最大减幅出现在东北部巫溪(图5-4)。

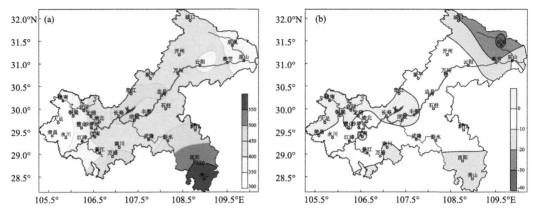

图5-4　1961—2015年小春生长季降水量分布(a)及气候倾向率(b)(mm;mm/10a)

　　1961—2015年小春生长季内,各区县日照时数为365.1～707.9 h,从偏南部往东北部逐渐增加。有超过7成的区县日照时数在450 h以上,重庆市小春生长季内日照时数总体呈减少趋势,气候倾向率在—41.5～5.6 h/10a,最低值出现在西部的大足,29个站点生长季内日照时数呈减少趋势(图5-5)。

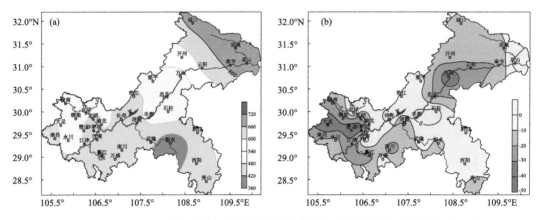

图5-5　1961—2015年小春生长季内日照时数分布(a)及气候倾向率(b)(h;h/10a)

5.2.2　气候变化对生产潜力的影响

　　农业生产潜力,是指在其他一切条件(包括作物品种、土壤、耕作技术等)都能充分满足和发挥最大效能的情况下,气候条件所能允许的作物单产上限。农业气候生产潜力是评价农业气候资源的依据之一,其大小取决于光、温、水三要素的数量及其相互配合协调的程度(信乃诠等,1998)。对一个地区气候生产潜力进行估算,其结果不仅可以直接反映该地区气候生产力水平和光、温、水资源配合协调的程度及其地区差异,还可以分析出不同要素对生产力影响的大小,从而找出一个地区或某种作物生产中的主导限制因子(江爱良 等,1990)。

　　气候变化对重庆农作物生产潜力的影响研究表明,20世纪60—90年代重庆年、季农业气候生产力水平总体呈下降的趋势(王裕文 等,1995),日照增多、平均气温升高、降水量减少均可使年、季农业气候生产力提高,采用统计方法得出除春季和秋季外,降水量对农业气候生产力的影响呈显著负相关,春秋季降水量对气候生产力影响不明显,年、季平均气温和日照时数与农业气候生产力呈显著的正相关。王裕文等(2001)总结了重庆市近年来气候变化给农业带来的不利影响:(1)冬暖春冷夏热突出,一方面冬暖利于多经果木的安全越冬,使蔬菜、柑橘、中药材等经济林木生长;另一方面,冬暖对农作物和森林病虫害越冬十分有利,使病菌虫卵安全越冬的基数显著增多,会导致农作物和森林严重病虫害;(2)盛夏奇凉奇热,易诱发严重病虫害,造成大春中稻、玉米等作物普遍霉变发芽,对晚秋作物适时播种或蓄苗也有明显不利影响;(3)暴雨洪涝频繁出现,农业损失严重;(4)大风冰雹灾情加重;(5)强寒潮下冻害重;(6)降水少,旱象重;(7)酸雨污染土壤,使土壤结构退化,宜种植度降低,导致植物长势变弱甚至死亡,产量下降,品质变劣,病虫害加剧,导致严重的水土流失,削弱太阳辐射,不利于绿色植物的光合作用,导致农业气候生产潜力下降。

5.2.3　气候变化对作物产量的影响

5.2.3.1　气候变化对水稻产量的影响

重庆位于长江上游地区,处在中西部地区的结合部,长江上游三峡库区及川渝盆地东南部,全市地势起伏不平,仅河谷地区有少量平坝,华蓥山、大巴山等山脉纵横于西、北两面,东南市境地处武陵山区,属亚热带湿润气候,冬暖夏热,雨季较长,适宜农业耕作和粮食生产,但由于受大气环流和地形地貌的综合影响,库区不同部位的小气候背景及其时空分布各异,粮食产量随气候变化也出现显著的波动。重庆水稻主要以一季中稻为主,影响重庆地区水稻减产的主要因素为盛夏高温以及旱涝等灾害。

何永坤等(2001)采用积分回归法分析了气候变化对三峡库区 1960—1998 年水稻产量的影响:库区东段在 5 月以前及 7 月上中旬为正效应,6 月上中旬、7 月下旬至 8 月上旬为负效应;而库区中、西段的变化较复杂,4 月中旬以前为正效应,5 月下旬以后基本上为负效应。由于库区入春后尽管气温回升较快,但不稳定,而中稻出苗后要求较高的温度,因此,苗期温度越高,秧苗生长越好;而在生殖生长阶段,气温远高于其适宜温度,而气温适当偏低,可延长分蘖、孕穗、灌浆时间,对形成产量有利;但抽穗开花期需要较高温度,缩短开花授粉时间,因此,7 月上、中旬温度为正效应。在中稻全生育期中,温度对中稻产量影响的正峰值出现在 7 月中旬(东段),负峰值出现在 6 月上中旬、7 月下旬至 8 月上旬,旬温变化 1 ℃中稻产量变幅可达 7～9 kg/亩(何永坤 等,2001)。

中稻由于根部浸泡在水下,其生长所需水分由根源源不断地输入各器官,一般条件下水分与中稻产量的关系十分密切。三峡库区夏半年降水丰富,能不断补充稻田水分,满足中稻生长发育的需要,降水量对中稻产量的直接影响较其他旱地作物小得多。水稻是短日照作物,日照的长短影响水稻品种生态型的形成与分布,而光照强度则会影响水稻产量的形成。东段 5 月中旬以前基本上为正效应,5 月下旬后为负效应;中段除 3 月下旬、5 月下旬、7 月中下旬为负效应外,其余时段为正效应;西段 3 月下旬至 4 月上旬、5 月中旬至 7 月中旬、8 月上旬为负效应,其余时段为正效应。在中稻全生育过程中,日照对中稻产量影响的正峰值出现在 3 月中旬、5 月上中旬,负峰值出现在 4 月中旬、8 月上旬,日照时数变化 10 h 中稻产量变幅可达 4～6 kg/亩。

　　李永华等(2008)选用代表重庆四个区域的江津、丰都、奉节、酉阳 1960—2001 年的气象及水稻产量资料,采用 Mann-Kendall 突变检测方法对水稻产量资料序列进行分段,利用积分回归等方法分析气候因子对水稻产量的影响。结果表明:重庆四个地区的水稻单产均在 20 世纪 80 年代前期发生突变性增长;采用 Logistic 分段拟合趋势产量的效果明显优于线性拟合,体现了水稻的实际变化趋势;水稻的气象产量具有较明显的年际变化,表现出一定的阶段性,20 世纪 60 年代初期、整个 70 年代、90 年代中后期气象产量较低,而 60 年代中后期、80 年代中期至 90 年代中前期水稻的气象产量相对较高;造成重庆水稻减产的主要因素为春季低温阴雨和伏旱等灾害。

5.2.3.2　气候变化对小麦产量的影响

　　何永坤等(2001)采用积分回归法分析了气候变化对三峡库区 1960—1998 年小麦产量的影响:(1)气温变化对小麦的负效应主要在 12 月中旬至次年 1 月上旬、3 月下旬至 4 月中旬,而 11 月中下旬、1 月中下旬、3 月上中旬则为正效应。在小麦整个生育过程中,以 12 月中下旬及 1 月中下旬的气候波动对小麦产量影响最大,前者为小麦春化阶段至分蘖期,后者为拔节期,在这两个阶段内,旬温变化 1℃可使小麦产量变幅达 1.5~6.0 kg/亩,其中库区东段产量变幅较中、西段的变幅明显偏小。(2)重庆雨水分布极不均匀,小麦生育期间既可能有湿害,也可能受干旱影响,以万州为例,11 月中旬至 12 月中旬、1 月为负效应,表明库区东段在苗期雨水较多,湿害是影响小麦苗生长的重要气象灾害,雨水适当偏少有利于产量的提高;2 月上旬至 3 月下旬为正效应,表明库区东段在此期间降水感到不足,常年有春旱危害,雨水适当增加能提高产量。(3)库区中、西段在冬前日照影响基本上为负值。11 月中下旬(播种出苗期)、1 月至 2 月上旬(东段)、2 月(中段)、3 月上中旬(西段)(拔节—孕穗期)日照为正贡献值。在小麦全生育过程中,日照的影响分别有两个正高峰和三个负高峰,其中以库区中段 12 月上旬、1 月中旬和 3 月中旬影响最大,旬日照时数每变化 10 h 小麦产量变幅 10~15 kg/亩。

5.2.3.3　气候变化对玉米产量的影响

　　何永坤等(2001)研究了气候变化对重庆不同地区玉米产量的影响,结果表明,在玉米不同发育阶段,气候温光水因子对其产量的影响作用是不同的。温度对西部地区玉米影响最大,其次是东南部地区,对中部和东北部影响最小(图 5-6)。对西部地区,播种—三叶期、抽雄—吐丝期的平均温度对玉米气象产量的影响为负效应;其余发育期温度对玉米气象产量的影响均为正效应,此期间温度每升高 1℃,西部地区玉米的气象产量可增加 9.1~52.1 kg/hm²,对于中部地区,播种—三叶期、拔节—吐丝期的平均温度对玉米气象产量的影响为负效应;其余发育期温度对玉米气象产量的影响均为正效应,此期间温度每升高 1℃,中部地区玉米的气象产量可增加 1.0~46.7 kg/hm²。东南部地区抽雄期以前以及乳熟成熟期,温度对该地区玉米气象产量的影响为负效应;抽雄—吐丝期温度对玉米气象产量的影响都为正效应,此阶段温度每升高 1℃,东南部地区玉米的气象产量可增加 13.3~25.2 kg/hm²。对于东北部地区而言,玉米吐丝期以前温度对玉米气象产量的影响为负效应;吐丝—成熟期温度对玉米气象产量的影响都为正效应,此阶段温度每升高 1℃,东北部地区玉米的气象产量可增加 12.9~13.9 kg/hm²。

　　降水对西部地区玉米影响最大,其次是中部,对东部地区影响最小(图 5-7)。对于西部地区而言,玉米七叶—吐丝期以及乳熟成熟期降水对玉米气象产量的影响为负效应,播种—七叶

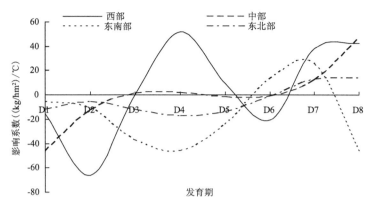

图 5-6　不同发育期平均气温对玉米气象产量的积分影响曲线

注释:D1、D2、D3、D4、D5、D6、D7、D8 分别代表播种—出苗期、出苗—三叶期、三叶—七叶、七叶—拔节期、拔节—抽雄期、抽雄—吐丝期、吐丝—乳熟期、乳熟—成熟期(下同)

期以及吐丝—乳熟期降水对玉米气象产量的影响为正效应,此期间降水每增加 1 mm,西部地区玉米的气象产量可增加 3.1～15.2 kg/hm²。中部地区播种—出苗、三叶期以后直到成熟收获,降水对玉米气象产量的影响均为负效应,出苗—三叶期降水对玉米气象产量的影响为正效应,此期间降水每增加 1 mm,中部地区玉米的气象产量可增加 2.1 kg/hm²。对东南部地区而言,播种—出苗、七叶—拔节以及抽雄—乳熟期降水对玉米气象产量的影响为负效应;出苗—七叶、拔节抽雄期以及乳熟成熟期降水对玉米气象产量的影响为正效应,此期间降水每增加 1 mm,东南部地区玉米的气象产量可增加 1.1～8.4 kg/hm²,东北部玉米出苗—三叶以及拔节—吐丝期降水对玉米气象产量的影响为负效应,其余发育时段降水对玉米气象产量的影响均为正效应,此期间降水每增加 1 mm,东北部玉米的气象产量可增加 3.9～12.8 kg/hm²。

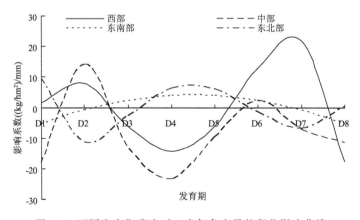

图 5-7　不同发育期降水对玉米气象产量的积分影响曲线

日照对西部地区玉米影响最大,其次是中部,对东部地区影响最小(图 5-8)。对西部地区而言,出苗—七叶、抽雄—乳熟日照对玉米气象产量的影响为负效应;播种—出苗、七叶—抽雄以及乳熟成熟期日照对玉米气象产量的影响为正效应,此期间日照时数每增加 1 h,西部地区玉米的气象产量可增加 4.2～5.3 kg/hm²。对中部地区而言,播种—七叶、吐丝—乳熟期日照对玉米气象产量的影响为负效应,七叶—吐丝以及乳熟成熟期日照对玉米气象产量的影响为

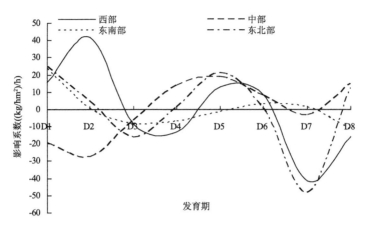

图 5-8　不同发育期日照时数对玉米气象产量的积分影响曲线

正效应,此期间日照时数每增加 1 h,中部地区玉米的气象产量可增加 6.1～34.5 kg/hm²。对东南部地区而言,出苗—拔节以及乳熟成熟期日照对玉米气象产量的影响为负效应;播种—出苗、拔节—乳熟期日照对玉米气象产量的影响为正效应,此期间日照时数每增加 1 h,东南部地区玉米的气象产量可增加 3.7～8.6 kg/hm²。对于东北部地区而言,出苗—拔节以及吐丝—乳熟期日照对玉米气象产量的影响为负效应;其余发育期日照对玉米气象产量的影响均为正效应,此期间日照时数每增加 1 h,东南部地区玉米的气象产量可增加 2.3～19.7 kg/hm²。

5.2.3.4　气候变化对油菜产量的影响

选用代表重庆四个地区的合川、忠县、秀山、开县 1978—2012 年的油菜产量资料分析油菜单产逐年变化,结果表明,重庆地区油菜单产具有较明显的上升趋势(图 5-9),尤其是 21 世纪以来上升趋势明显;东北部地区油菜单产波动更为明显。采用 Mann-Kendall 方法进行突变点检测,其结果表明:21 世纪前 10 年中期,油菜单产发生突变,有明显的上升趋势。采用 Logistic 方法拟合趋势产量来分离气象产量的方法分析了近 30 年不同区域油菜气象产量的变化(图 5-10):(1)油菜气象产量具有较明显的年际变化,表现出一定的阶段性,大部地区 20 世纪 80 年代末期、90 年代中后期、21 世纪前 10 年前期气象产量相对为负,而 20 世纪 80 年代前中

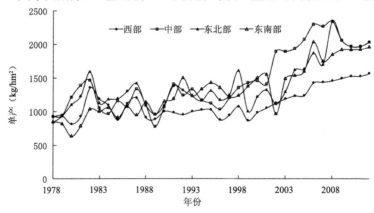

图 5-9　近 30 年重庆地区(代表站)油菜单产逐年变化曲线

期、21 世纪前 10 年中后期气象产量相对较高;而东南部地区油菜气象产量的年际变化不同,其中 20 世纪 80 年代前期、1992 年和 21 世纪前 10 年中后期气象产量相对较高,其余时段气象产量均为负。生育期内降水的多寡,以及日照是否充足对重庆油菜产量的影响较大,是影响重庆油菜产量的主要气候因子。为使不同年份具有可比性,采用相对气象产量,即气象产量与趋势产量的比值(称为波动系数)来表示粮食产量受气象条件的影响程度,分析重庆地区油菜波动系数表明(图 5-11):20 世纪 90 年代波动幅度较小,其余时段相对气象产量(波动系数)波动幅度大,且具有明显的地域差异(阳园燕 等,2013)。

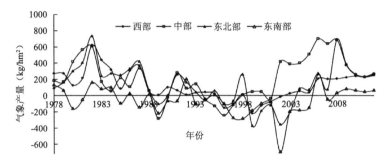

图 5-10　近 30 年重庆地区(代表站)油菜气象产量逐年变化曲线

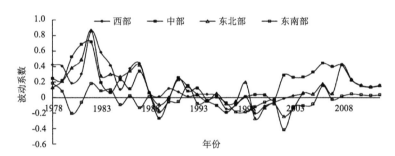

图 5-11　近 30 年重庆地区(代表站)油菜波动系数逐年变化曲线

5.2.3.5　气候变化对红薯产量的影响

在红薯不同发育期,各气候因子对气象产量的影响不尽相同,且有明显的地域差异。张建平等(2013)研究了 1981—2010 年,气候变化对重庆市不同区域红薯产量的影响。温度对中部地区红薯影响最大,其次是西部地区,对东部影响最小(图 5-12)。对西部地区而言,红薯全生育期平均温度对其气象产量的影响基本均为正效应,温度每升高 1 ℃,西部地区红薯的气象产量可增加 0.2～12.9 kg/hm²。中部地区红薯在移栽成活期和可收期平均温度对红薯气象产量的影响为正效应,此期间温度每升高 1 ℃,中部地区红薯的气象产量可增加 11.1～42.9 kg/hm²;其余发育期温度对红薯气象产量的影响均为负效应。东南部移栽成活期薯块膨大后期到可收,温度对红薯气象产量的影响均为负效应;薯蔓伸长及薯块形成－膨大期温度对红薯气象产量的影响都为正效应,此阶段温度每升高 1 ℃,东南部地区红薯的气象产量可增加 0.2～9.8 kg/hm²。对于东北部地区而言,薯蔓伸长及薯块形成期温度对红薯气象产量的影响为负效应,其余时期温度对红薯气象产量的影响都为正效应,此阶段温度每升高 1 ℃,东北部地区红薯的气象产量可增加 1.4～6.2 kg/hm²。

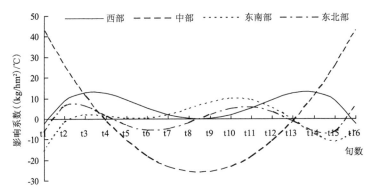

图 5-12　温度对红薯气象产量的积分影响曲线

（注释：t1，t2，t3，…，t16 分别代表 5 月下旬到 10 月下旬的旬个数（下同））

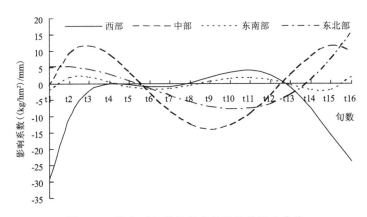

图 5-13　降水对红薯气象产量的积分影响曲线

　　降水对中部红薯产量影响最大，其次是西部地区，对东部影响最小（图 5-13）。对于西部地区，红薯薯块膨大期降水对其气象产量的影响为正效应，此期间降水每增加 1 mm，西部地区红薯的气象产量可增加 0.2～4.1 kg/hm²，其余发育期降水对红薯气象产量的影响均为负效应。中部地区红薯在移栽成活和薯块膨大期降水对红薯气象产量的影响为正效应，此期间降水每增加 1 mm，中部地区红薯的气象产量可增加 2.5～11.5 kg/hm²，其余发育期温度对红薯气象产量的影响均为负效应。东南部红薯在薯蔓伸长和薯块形成期以及成熟后期降水对红薯气象产量的影响为负效应，其余发育期降水对红薯气象产量的影响均为正效应，此阶段降水每增加 1 mm，东南部地区红薯的气象产量可增加 0.4～1.9 kg/hm²。东北部地区薯蔓伸长及薯块形成期降水对红薯气象产量的影响为负效应，其余时期降水对红薯气象产量的影响都为正效应，此阶段降水每增加 1 mm，东北部地区红薯的气象产量可增加 0.8～15.8 kg/hm²。

　　由图 5-14 可知，日照对红薯气象产量的影响均要比温度和降水大。西部和中部地区，除红薯成熟后期日照对其气象产量的影响为负效应外，其余时段日照对红薯气象产量的影响均为正效应，此期间日照时数每增加 1 h，西部地区红薯的气象产量可增加 8.2～26.7 kg/hm²，中部地区红薯的气象产量可增加 0.8～28 kg/hm²。对东南部地区而言，红薯在薯蔓伸长和薯块形成期日照对红薯气象产量的影响为负效应，其余发育期日照对红薯气象产量的影响均为正效应，此阶段日照时数每增加 1 h，东南部地区红薯的气象产量可增加 0.8～11.8 kg/hm²。

对于东北部地区而言,红薯移栽成活期和薯块膨大期日照对红薯气象产量的影响为负效应,其余时期日照对红薯气象产量的影响均为正效应,此阶段日照时数每增加 1 h,东北部地区红薯的气象产量可增加 0.4～44.3 kg/hm²。

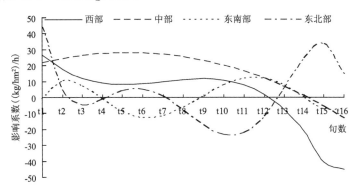

图 5-14　日照对红薯气象产量的积分影响曲线

5.2.3.6　气候变化对经济作物的影响

(1)何永坤等(2014)以渝东地区 13 个烤烟主产区的气候资料,运用模糊数学隶属度函数模型对该地区烤烟气候适宜度时空变化特征进行了分析,结果表明:(1)从烤烟全生育期气候适宜度来看,渝东烤烟温度隶属度较高,在 0.77～0.93,且波动性较小,其次是日照隶属度较大,在 0.41～0.65,波动性较大;最小是降水隶属度,在 0.38～0.50,波动性最小。烤烟气候适宜度在 0.50～0.63,1990 年烤烟旺长期、成熟期温度偏高,干旱开始期早、持续时间长,导致气候适宜度最低;1980 年、1989 年由于旺长期、成熟期水分、光照较适宜,气候适宜度最高(图 5-15)。

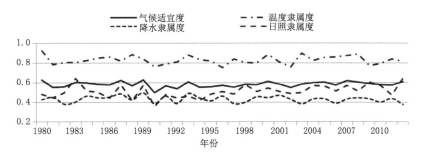

图 5-15　渝东地区烤烟气候适宜度变化(何永坤 等,2014)

(2)从各生育期气候适宜度变化特征来看(图 5-16),烤烟旺长期温度隶属度最大,也最稳定,历年值在 0.88 以上,变化趋势为微弱增加;伸根期次之,年际间变化较大,一般在 0.80 以上,呈弱增加趋势;各生育期降水隶属度总体较小,相对而言,旺长期降水隶属度最大,但波动较大,一般在 0.40 以上,1993 年旺长期降水量正常,降水隶属度 0.64,为最大值,1983 年旺长期雨水偏多 31.6%,降水隶属度 0.29,旺长期降水隶属度呈微弱下降趋势。成熟期次之,在 0.32 以上,年际间波动较小,呈弱下降趋势,10 年下降速率为 0.011;伸根期降水隶属度最小,一般在 0.30 以上,2012 年渝东南烟区降水量偏多 70%左右,降水隶属度仅 0.27,1981 年降水量正常,且各旬分布均匀,降水隶属度 0.54,为伸根期最大值,伸根期降水隶属度呈弱下降趋势,10 年下降速率为 0.011;各生育期日照隶属度较温度隶属度偏小,较降水隶属度偏大。相对而言,各生育期间的日照隶属度差异较小,伸根期日照隶属度较大,一般在 0.43 以上;成熟期次之,一般在 0.40 以上;旺长期日照隶属度最小,一般在 0.37 以上。各生育期日照隶属度均呈弱增加趋势,伸根期、旺长期、成熟期 10 年增加速率分别为 0.055、0.005、0.011。

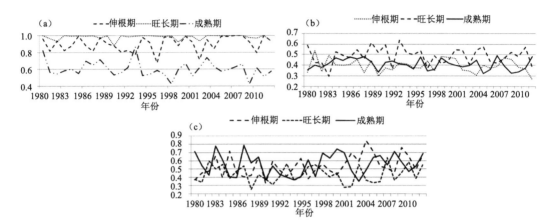

图 5-16　渝东地区烤烟各生育期温度(a)、降水(b)和日照(c)隶属度年变化(何永坤 等,2014)

(3)气候适宜度从区县来看(图 5-17),涪陵、酉阳、石柱在 0.6 以上,巫山、巫溪、奉节在 0.56 以下,涪陵 0.61 为最高,奉节 0.55 为最低。从各植烟区县烤烟温度隶属度分布来看,旺长期最高,均在 0.94 以上,各区县之间相差不明显;伸根期次之,均在 0.82 以上,南川 0.94 为最大值,奉节 0.82 为最小值;成熟期温度隶属度最低,差异也较明显,最大值为 0.76,出现在酉阳,最小值为 0.53,出现在万州。烤烟降水隶属度明显偏小,各发育期间差异也不大,但旺长期仍最高,均在 0.44 以上,最大值 0.54,出现在南川,最小值 0.44,出现在秀山;伸根期总体最低,在 0.35～0.45,区县间差异不明显;成熟期在 0.36～0.48。烤烟日照隶属度值较降水隶属度值略大,各发育期间差异不大。相对而言,成熟期略高,在 0.51～0.62,酉阳最大,丰都最小;旺长期略低,在 0.38～0.50,酉阳最大,奉节最小。

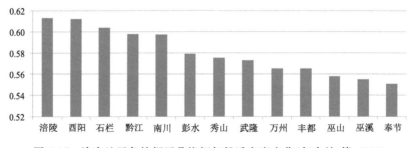

图 5-17　渝东地区各植烟区县烤烟气候适宜度变化(何永坤 等,2014)

5.2.3.7　气候变化对柑橘产量的影响

据分析(高阳华 等,1995;万素琴 等,2003),影响柑橘产量的三个关键期为花芽分化期、花蕾期和果实膨大期。花芽分化期(12 月至次年 2 月),决定开花质量和数量;开花期至生理落果结束期(4—6 月)决定果实数量;果实膨大期(7—8 月)决定果实大小和质量。

(1)柑橘萌芽期与萌芽前约 20 d 内的平均气温呈负相关,萌芽期的早迟决定于这段时间气温的高低。柑橘萌芽至开花期天数与光照和降水等气象条件的相关性不明显,而与平均气温显著(红橘)和极显著(甜橙)负相关。红橘和甜橙现蕾数等级均与花芽发育中后期的 1～2月日照时数呈负指数关系,与此期间平均气温呈正相关。此结果反映出柑橘花蕾发育主要受现蕾至开花盛期光照条件的影响,充足的光照有利于花蕾发育。现蕾至开花期天数与积温呈极显著正相关;现蕾的下限温度红橘为 13.2 ℃,甜橙为 10.9 ℃;现蕾至开花所需的有效积温红橘为 109.7 ℃·d,甜橙为 179.4 ℃·d。

(2)红橘着果率与 4 月下旬至 5 月上旬日最高气温≥30 ℃日数及雨日均呈抛物线关系;甜橙着果率与 4 月下旬至 5 月上旬日最高气温≥30 ℃日数呈抛物线关系,与 4 月下旬雨日呈负指数关系。4 月下旬至 5 月上旬日最高气温≥30 ℃日数为 5 d 左右时,对提高着果率最有利;4 月下旬雨日少对甜橙提高着果率有利。而红橘因花期略迟,其着果率受 4 月下旬至 5 月上旬雨日的影响,雨日太多或太少都使着果率降低。

(3)红橘各生长阶段果径增长值的差异不十分明显,生长后期对果径的影响较为突出,而锦橙和普通甜橙果径则主要受中期和前期果径增长值的影响。红橘、锦橙、普通甜橙果实果径的变异系数分别为 0.050、0.069、0.061,说明锦橙果径稳定性最差,受环境条件的影响最大;红橘果径稳定性较高,受环境条件的影响最小;普通甜橙介于前两者之间。各品种果实前、中、后期果径增长值的变异系数,红橘分别为 0.096、0.104、0.105;锦橙分别为 0.146、0.278、0.069;普通甜橙分别为 0.164、0.261、0.159。可以看出,在不同品种、不同生长阶段中,只有锦橙和普通甜橙果实生长中期(7—8 月)年际间波动幅度较大,受气候等环境条件的影响明显,其余影响较小。

5.3　预计气候变化对重庆农业的可能影响

5.3.1　对农作物气候生产潜力的可能影响

气候变化对农作物气候生产潜力将带来影响,但农作物光温生产潜力与气温呈非线性关系,气候变化后农作物生育期也相应发生变化,加上海拔高度变化太大,使气候变化对重庆市农作物气候生产潜力的影响非常复杂,不同区域、不同海拔高度差异很大(高阳华 等,2008)。

5.3.2　对作物产量的可能影响

熊伟等(2001)利用中国随机天气模型将 IPCC 最新推荐的气候模式 HadCM2 和ECHAM4 与作物模型 CERES-Rice3.5 相连接,模拟分析了未来 4 种气候情景下我国主要水稻产区产量的变化趋势。研究表明,重庆地区的中稻产量在 4 种气候情景下都表现为不同程度的减产,减产幅度为 5%～15%。李永华等(2007)通过贝尔(Baier)产量模式思路对重庆地区玉米气象产量变化及气候影响因子作相关分析指出,重庆地区降水多寡(旱涝)对玉米产量的影响较大,是影响玉米产量的主要气候因子。而且随着全球变暖的大趋势,重庆的气温也有逐年升高的趋势,对玉米未来产量影响可能会更大。张建平等(2007)利用 WOFOST 作物模型与 BCC-T63 气候模式相结合,定量化地预估了 2001—2050 年重庆地区冬小麦产量变化趋势,研究表明,在当前的品种和生产条件下,未来重庆地区冬小麦平均单产可能会下降 3%。

根据英国 Hadley 气候预测与研究中心的区域气候模式 PRECIS 输出的 SRES A2 和 B2

情景数据,借助世界粮食组织开发的 WOFOST 作物生长模型,较为全面地模拟分析了 A2 和 B2 情景下重庆地区水稻、玉米和冬小麦等 3 大主要粮食作物的产量变化趋势。

5.3.2.1 水稻

到 2020 年,A2 情景下,各地水稻单产波动范围在-24.9%~23.91%,从空间分布来看,西部偏南地区水稻减产的可能性相对较大,减产幅度可达 15%以上,其余大部地区为增产区。B2 情景下,各地水稻单产变化范围在-26.1%~33.7%,从空间分布上来看,西部偏南地区水稻仍为减产区,东部偏东偏南地区水稻单产呈现增产趋势,其余地区水稻单产基本稳定(图 5-18)。可见,未来气候变化情景下,重庆西部偏南地区减产的风险比较大,高海拔地区水稻不但不会减产,局地增产趋势明显。造成西部偏南地区水稻减产的主要原因是由于水稻花期和灌浆期这两个发育期内气温偏高、降水偏少,导致水稻授粉时间和灌浆时间缩短,秕粒率增加,千粒重下降,从而引起水稻出现减产。

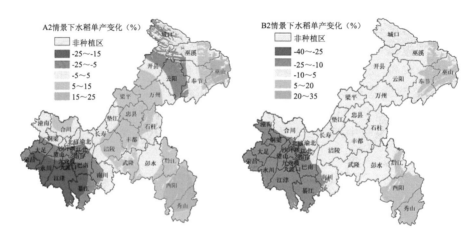

图 5-18　A2(左)和 B2(右)气候情景下重庆地区 2020 年水稻产量变化趋势

5.3.2.2 玉米

到 2020 年,A2 情景下,重庆各地玉米单产波动范围在-40.2%~3.1%,减产区主要集中在中部和西部,减产幅度可达 10%以上,东北部偏东地区为增产区,但增产趋势不明显。B2 情景下,各地玉米单产变化范围在-40.3%~30.5%,减产区仍然是中部和西部地区,东北部偏东地区为增产区,增产幅度在 15%以上,部分地区可达 30%(图 5-19)。可以看出,无论是 A2 情景还是 B2 情景,中部和西部地区的玉米减产风险较大。究其原因,主要是因为玉米灌浆期出现的高温干旱,致使灌浆不充分,结实率下降,从而导致玉米单产下降。

5.3.2.3 冬小麦

到 2020 年,A2 情景下,重庆各地冬小麦单产波动范围在-13.4%~30.6%,各地减产幅度不是很大,中部和西南部为主要减产区,减产幅度在 15%以下,其余大部地区为增产区,东南部地区增产较明显,增产幅度在 20%以上。B2 情景下,各地冬小麦单产变化范围在-37.3%~29.9%,高减产区主要是西南和东南偏南地区,减产幅度在 20%以上,其余大部地区为增产区,增产幅度在 10%以上,部分地区可达 30%(图 5-20)。可见,增产与减产的地区差异较大,造成减产分布不均匀的主要原因是光热条件影响较大,东北部光照条件较好,故无论

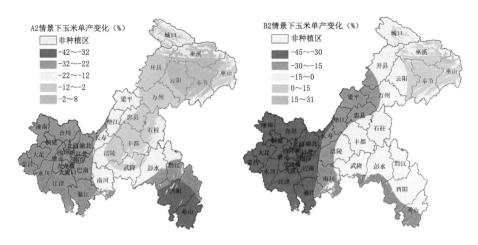

图 5-19　A2(左)和 B2(右)气候情景下重庆地区 2020 年玉米产量变化趋势

是 A2 情景还是 B2 情景均出现增产现象。造成西南地区冬小麦出现减产的主要原因可能是冬前积温偏多,小麦出现了旺长现象,导致冬小麦幼穗分化期缩短,分化出的小穗和小花数目减少,则每穗粒数也减产,最终导致产量下降。

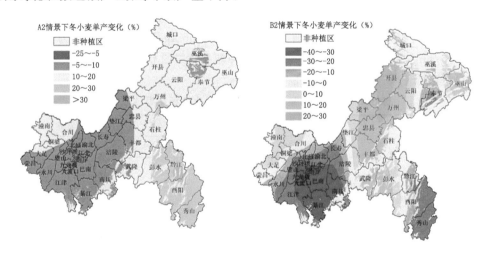

图 5-20　A2(左)和 B2(右)气候情景下重庆地区 2020 年冬小麦产量变化趋势

5.3.2.4　烤烟

　　到 2020 年,如果仍是当前烤烟品种栽培条件,A2 情景下,重庆各地烤烟单产波动范围在－10%~10%,增减产幅度不是很大。奉节、云阳、丰都、彭水和武隆等地烤烟区仍以轻微增产为主,其余烤烟区为轻度减产区;B2 情景下,东北部偏东地区城口、巫溪和巫山以及南川、綦江和万盛等地烤烟区以轻微增产为主,其余烤烟区为减产区,其中云阳、万州和彭水烤烟区减产幅度较大,在 10% 以上(图 5-21)。

　　考虑到气候变暖趋势下,重庆地区在未来烤烟栽培制度上可能需引入适应气候变暖的新品种。因此,以巫溪和彭水为例,模拟分析了引进适应气候变暖趋势的新的烤烟品种类型,把烤烟品种变成耐高温、生育期相对比较长的来重新运行模型(这里只延长烤烟生育后期即开花

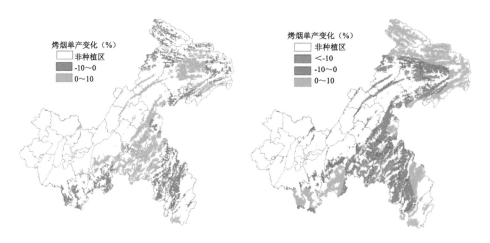

图 5-21　A2(左)和 B2(右)气候情景下重庆地区 2020 年烤烟产量变化趋势

到顶叶成熟的积温),并与当前种植的烤烟品种进行了对比,模拟结果见表 5-1。从巫溪的模拟结果来看,到 2025 年仍种植当前烤烟品种,则 A2 情景下减产 33 kg/hm²,减产幅度为 2.06%;B2 情景下减产 185 kg/hm²,减产幅度为 11.6%。如果改种新品种,A2 情景下增产 170 kg/hm²,增幅为 10.6%;B2 情景下增产 40 kg/hm²,增幅为 2.5%。从彭水的模拟结果来看,到 2025 年仍种植当前烤烟品种,则 A2 情景下减产 35 kg/hm²,减产幅度为 2.3%;B2 情景下减产 70 kg/hm²,减产幅度为 4.6%。如果改种新品种,A2 情景下增产 105 kg/hm²,增幅为 6.9%;B2 情景下增产 78 kg/hm²,增幅为 5.12%。

表 5-1　当前烤烟品种与新品种的对比分析结果(kg/hm²)

		巫溪		彭水	
		当前品种	新品种	当前品种	新品种
	A2(2025)	1565	1768	1487	1627
产量	B2(2025)	1413	1638	1452	1600
	bs(2025)	1598	—	1522	—

可见,从不同气候背景下对烤烟单产模拟结果来看,未来重庆地区烤烟产量或增或减都有很大的不确定因素,但通过一些适应对策,比如改为种植适应气候变暖的新品种,不但能大大减缓产量减少的趋势,而且还有很好的增产效果。

5.4　重庆农业适应气候变化的对策和措施

气候变化对农业的影响有正面的,也有负面的。正面的影响是热量的增加,为高海拔地区、高纬度地区农业种植结构的调整提供了有利条件,不利影响是农业生产的不稳定性增加,未来极端高温和降水事件将会增加,农业气象灾害频率增多,强度加重,如果不采取适应性措施,小麦、水稻和玉米三大作物均以减产为主。为此,必须采取有效措施,顺应自然规律,降低气候变化对农业影响的风险。

5.4.1 优化农业布局,改革种植制度

重庆地区现行的一套农业耕作制度、种植方式和作物布局都是在过去气候条件下形成的,随着近年来气候条件的变化,农业结构和种植制度都需要适时地进行调整,才能最充分地利用气候资源。针对未来气候变化对农业的可能影响,可以改进作物、品种布局,有计划地培育和选用抗旱、抗涝、抗高温和低温等抗逆品种,采用防灾抗灾、稳定增产的技术措施及预防可能加重的农业病虫害。近年来小春生长季温度偏高,影响小麦产量和品质,可适当调减小麦种植,增大小杂粮播种面积;春季温度回升快入春早,大春作物播种时间可适当提早,以避开 6 月初夏阴雨、盛夏伏旱灾害对大春作物的影响;秋季热量资源增多,阴雨减少,应增大晚秋作物播种面积和品种。

5.4.2 大力发展立体农业和生态农业

重庆地区以山地为主,立体气候明显。不同种类或品种的生物生长发育对气象条件的要求各不相同,每一个气候层带适宜生存繁衍的生物有明显差异,因此,不同气候层带农业气候资源开发利用的途径和方向也不一样。发展立体农业的核心问题,就是要根据农产品对气候生态条件的要求,确定其优势气候层带,进而确定不同气候层带的优势农产品。实验证明立体种植可实现多茬口以科学利用积温,多层次以充分利用空间光能,多作物共生以提高土地利用率和互补,多级能量循环利用,高产高效益。发展生态农业即发展既能高产、增收而又能促进生态环境良性循环的农业,如林、粮间作,适当发展花卉、药材等特种经济作物,以及种植业与养殖业互相利用、紧密结合的农业等。可以发展生物技术,加强光合作用、生物固氮、抗御逆境、设施农业和精确农业等技术开发和研究,建立及强化农技推广体系,提高科研成果的转化率。选育适应气候变化的优良品种是最根本的适应对策之一。

5.4.3 改善农业基础设施,提高农业应变能力和抗灾减灾水平

在重庆地区气候变化中,旱涝、风雹、低温阴雨、高温连晴等气象灾害的损失有增无减,应进一步建立、健全现代化的气象灾害监测预警预报系统等防灾减灾体系,大力改善农业基础设施,提高农业应变能力和抗灾减灾水平。应加强节水农业和科学灌溉的研究、推广及应用,研究适应气候变化的农业生产新工艺,开发自动化、智能化农业生产技术,强化综合防治自然灾害的工程设施建设。

5.4.4 积极开展气候变化及农业对策措施的研究和开发

气候变化将使粮食产量波动增大、农业布局和结构发生变化、农业成本和投资增加。作为三峡水库的气候变化问题,须尽早开展气候变化及对策的研究,将气候变化作为重要因素纳入国民经济发展规划的决策中。并通过科研和开发,有效地利用水资源、控制水土流失、增加灌溉和施肥、防治病虫害、推广生态农业技术等来提高农业生态系统的适应能力,用高技术、新技术指导农业的发展,以保障农业高速、稳步的增长。

参考文献

高阳华,贾捷,王跃飞,等,1995.气象条件对柑橘果实生长的影响[J].中国柑桔,24(2):17-19.

高阳华,居辉,Jan Verhagen,等,2008.气候变化对重庆农业的影响及对策研究[J].高原山地气象研究,28(4):
　　46-49.

何永坤,王裕文,2001.重庆市三峡库区气候变化对粮食产量的影响分析[J].山区开发,12:36-39.

何永坤,张建平,2014.渝东地区烤烟气候适宜度及其变化特征研究[J].西南大学学报,36(9):140-146.

江爱良,1990.农业气象和农业发展的战略研究[J].中国农业气象,11(1):1-4.

李永华,高阳华,廖良兵,等,2007.重庆地区玉米气象产量变化及气候影响因子简析[J].西南大学学报(自然
　　科学版),29(3):104-109.

李永华,高阳华,张建平,等,2008.气候波动对重庆水稻产量的影响及对策[J].中国农业气象,29(1):75-78.

万素琴,2003.脐橙产量的农业气候模拟与预测[J].湖北气象,3:28-30.

王裕文,刘德,2001.重庆市近年来的气候变化和气象灾害特点及其农业影响[J].山区开发,12:46-48.

信乃诠,王立群,1998.中国北方旱区农业[M].南京:江苏科学技术出版社.

熊伟,陶福禄,许吟隆,等,2001.气候变化情景下我国水稻产量变化模拟[J].中国农业气象,22(3):1-4.

张建平,李永华,高阳华,等,2007.未来气候变化对重庆地区冬小麦产量的影响[J].中国农业气象,28(3):
　　268-270.

第 6 章　气候变化对重庆水资源的
影响与适应

摘　要:在分析重庆地区水资源特点的基础上,评估了气候变化对重庆水资源的影响,提出了适应气候变化的重庆水资源对策与建议。主要结果表明:(1)重庆水资源分布不均匀,呈由东向西逐渐递减的趋势,年际变化较大,年内分布也不均匀。(2)气候变化已导致重庆市年降水量减少,平均每 10 年减少 7.4 mm,较多年均值减少了 3.6%。重庆市水资源总量呈缓慢减少趋势,平均每 10 年减少约 6.1 亿 m³,2000 年以来水资源总量的减少趋势更为显著。重庆市过境地表水资源量减少特征明显,尤以 8—10 月减少最为显著。气候变化与人类活动的影响叠加,使长江干流径流呈减小特征,并加剧了 8—10 月的径流减少。(3)模拟结果表明,重庆市地表水资源量在未来近期(至 2030 年)将延续近 30 年来的减少趋势,中期(2030 年以后)水资源量将有可能出现一定程度的恢复。(4)提出了三方面重庆地区水资源适应气候变化的对策建议:加强水资源调蓄能力建设,提高对气候变化的适应能力;优化水资源开发利用模式,降低区域水资源脆弱性水平;加强针对变化环境的水资源适应性管理和风险管理研究。

6.1　重庆水资源状况

重庆市境内河流纵横,长江自西南向东北横贯市境,北有嘉陵江,南有乌江汇入,形成向心的、不对称的网状水系。境内流域面积大于 100 km² 的河流有 274 条,其中流域面积大于 1000 km² 的河流有 42 条。2015 年全市大中型水库共计 110 座,其中大型水库 17 座,中型水库 93 座。2015 年大中型水库年末蓄水总量为 50.3 亿 m³,其中,大型水库年末蓄水量 37.4 亿 m³,中型水库年末蓄水量为 12.9 亿 m³。2015 年全市平均降水量 1048.3 mm,折合年降水量 863.8 亿 m³。2015 年全市地表水资源量为 456.2 亿 m³(重庆市水利局,2001—2016)。重庆水资源时空分布不均,东部多,西部少,人均占有当地水资源量 1719 m³。其中,渝西部分地区人均占有当地水资源量仅为 889 m³,属于重度缺水地区。

6.2　重庆水资源变化特征

重庆市 2001—2015 年平均地表水资源量为 510.1 亿 m³,地下水资源量为 94.2 亿 m³,近

15 年地表水资源总量最高值为 663.0 亿 m³（2007 年），最低位 332.5 亿 m³（2001 年）；地下水资源总量最高值为 121.8 亿 m³（2014 年），最低值 57.5 亿 m³（2006 年）（图 6-1）。近 15 年，中型水库个数增加大致趋势为 4 个/a，总蓄水量呈 3.8 亿 m³/a 的趋势增长，二者变化都十分显著，大型水库个数变化较小，逐年略微增加。

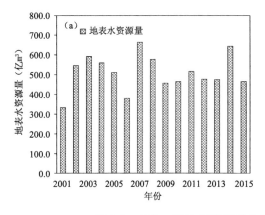
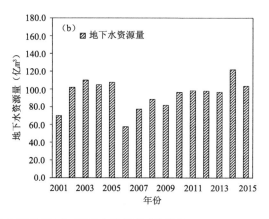

图 6-1   2001—2015 年重庆市地表水资源量（a）、地下水资源量（b）变化

6.2.1   气象要素变化特征

1961—2015 年，重庆市多年平均年降水量为 1135.0 mm，折合水资源总量 935.5 亿 m³，空间分布有由渝西向渝东南和渝东北两个方向递增的特点；多年平均气温为 17.5 ℃，空间分布特征与降水量大致相反，呈渝中西部地区高，渝东南和渝东北地区低的特征；多年平均潜在蒸散量为 1063.0 mm，多年平均实际蒸散量为 904.8 mm，总体上呈现出由渝东北向渝东南和渝西递减的态势。

重庆降水与气温的变化呈现较为明显的趋势变化特征。70％的站点的平均年降水量具有显著减少的线性趋势，平均线性下降速率达到 7.4 mm/10a，非参数检验方法检出的呈显著下降趋势变化的站点比例都是 5.9％。不同的检验方法均表明，30％～40％的站点的气温呈显著上升趋势，平均增温速率达到 0.12 ℃/10a。此外，显著增温发生在 20 世纪 90 年代中后期，1997—2015 年，平均增温速率达到 0.35 ℃/10a。超过 30％的站点年潜在蒸散量呈显著减少趋势，平均线性下降速率约为 5.6 mm/10a，并且在 80 年代末至 90 年代相对较低。可见，气候变化导致重庆年降水量减少，使水资源总量减少，同时，气温升高、蒸散量减少，将会对地表水资源量产生影响。

图 6-2 给出了 1961—2015 年重庆市平均年降水量的距平逐年变化及线性趋势。图中 Pc 表示趋势变率，即在指定分析时段，线性趋势变化量相对于多年均值的比例。利用这一指标，可以将不同分析时段的变化趋势转化到相同的时间尺度进行分析比较。

1961—2015 年，重庆市平均年降水量总体表现为随机波动并缓慢减少的特点，不同年代的年降水量均呈减少的趋势，仅年代际的减少幅度略有差异。1961 年以来，年降水量的趋势变率为 −4.4％，平均线性速率为 −9.8 mm/10a；1980 年以来，年降水量的减少趋势有所加剧，趋势变率为 −5.3％，相应的线性速率为 −12.3 mm/10a；2000 年以来，年降水量的变化总体仍呈减少趋势，趋势变率为 −5.8％，平均线性速率达到 −13.5 mm/10a，2008—2013 年降

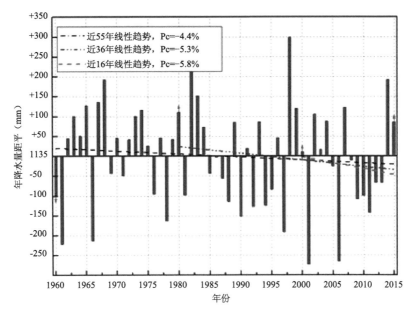

图 6-2　1961—2015 年重庆平均年降水量距平的逐年变化
（相对于 1981—2010 年）及线性趋势

水量持续偏少，导致近 16 年降水量减少趋势显著。

　　总体来看，1961 年以来，以年降水量作为指标的重庆市水资源总量呈不显著的减少趋势，2008—2013 年发生的连续干旱，使得 2000 年以来水资源总量的减少趋势较长序列更为显著。气象要素的长时序变化趋势和年代际波动，均导致重庆市水资源总量具有缓慢减少趋势。

6.2.2　径流过程的变化特征

　　北碚站位于嘉陵江，武隆站位于乌江，寸滩站位于长江干流上。图 6-3 给出了三个站日径流过程的 MASH 分析（Anghileri et al,2014）结果。寸滩站汛期径流调整明显：8 月径流在 20 世纪 90 年代前后快速下降；7 月中旬汛期洪峰流量略有减少，9 月中旬汛末洪峰逐渐消失。汛后 9 月、10 月两月来水大幅减少，降幅明显超过汛前 4 月、5 月。北碚站汛期径流调整明显：9 月径流在 20 世纪 90 年代前后快速下降；7 月中旬汛期洪峰流量略有减少；9 月中旬汛末洪峰流量大幅减少。汛后 10 月、11 月两月来水大幅减少，降幅明显超过汛前 4 月、5 月。武隆站径流变化不明显：4 月、5 月两月径流在 20 世纪 90 年代前后略有减少；7 月、8 月两月径流在 20 世纪 90 年代前后略有增加。

　　利用重庆市 1961—2010 年的水文模型模拟的径流资料估算地表水资源量，并与《重庆市水资源公报 2000—2010》公布的数据作比较，结果见表 6-1。从表中可以看出，用模拟结果估算的重庆地表水资源量与公报数据较为吻合，相对误差在－6.7%～5.8%，均在 10% 以内。

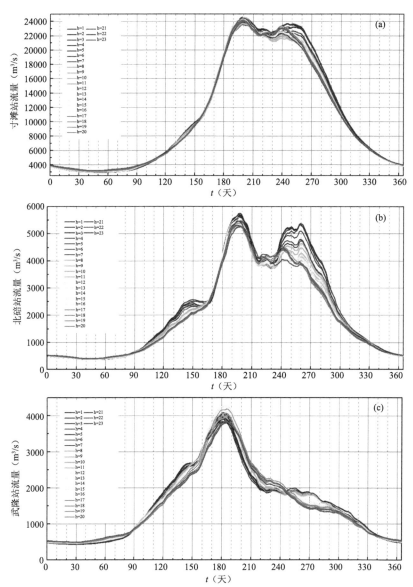

图 6-3　寸滩站(a)、北碚站(b)、武隆站(c)日径流过程的 MASH 曲线
（说明：第一条线标志为 $h=1$，表示基于 1960—1989 年窗口
计算的日径流滑动平均过程，以此类推）

表 6-1 重庆市模拟地表水资源量与水资源公报对比（亿 m³）

年份	2000	2001	2002	2003	2004	2005	2006	2007	2008	2009	2010
模拟值	563.1	310.1	566.2	600.4	575.6	487.7	390.8	622.1	605.3	444.7	491.9
公报数据	597.8	332.5	545.9	590.7	558.7	509.8	380.3	663.0	576.9	455.9	464.3
相对误差（%）	-5.8	-6.7	+3.7	+1.6	+3.0	-4.3	+2.8	-6.2	+4.9	-2.5	+5.8

　　将径流量除以相应的面积，即可得到以水深计的径流量（通常为 mm），称为径流深，能够用来反映水资源量的空间变化情况。根据重庆市 1961—2010 年的水文模型模拟径流资料绘

制年径流深空间分布图(图 6-4)。由图可见,重庆市大部分区域的年径流深都在 700 mm 以上,年径流深从渝西向渝东南和渝东北两个方向增加。

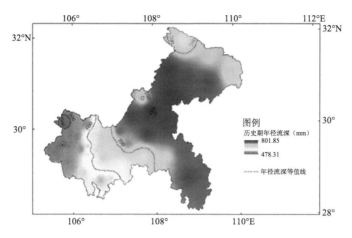

图 6-4　1961—2010 年重庆平均年径流深空间分布

图 6-5 为 1961—2010 年重庆市径流深的年内分配情况,可见重庆市径流多集中于 5—10 月,而 1—4 月、11—12 月径流深相对较少。年内径流深呈不规则的倒抛物线形分布,这种分布与降水关系密不可分,5—10 月降水较多,由此形成的径流深也较大。

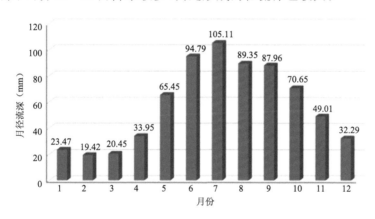

图 6-5　1961—2010 年重庆径流深的年内分配情况

图 6-6 为 1961—2010 年重庆市各月径流深的年代际变化过程,可见,重庆市 1—4 月、11—12 月的径流深年代际变化不大;5 月和 6 月的径流深年代际变化表现一致,都是 20 世纪 70—80 年代减少,80 年代至 21 世纪前 10 年增加;7—10 月的径流深在 20 世纪 80 年代至 21 世纪前 10 年都呈现大幅减少趋势,减少了 13.7～29.7 mm,折合水资源量为 11.3 亿～24.5 亿 m^3。

从图 6-7 可看出,重庆市 8—10 月平均月径流深变化最大的区域位于渝东北,至 21 世纪前 10 年较 20 世纪 80 年代减少了 27mm。主要包括奉节、巫溪、巫山、云阳,这些地方位于巫山西侧,为夏季风的背风坡,1980—2010 年气温逐渐升高,蒸发量变大,空气相对湿度和降水量减少,导致径流深变化较大。变化最小的区域主要集中在合川、潼南、永川所在的渝西北以及酉阳、秀山和黔江所在的渝东南等地,其中秀山最小,21 世纪前 10 年较 20 世纪 80 年代减少了 3 mm。

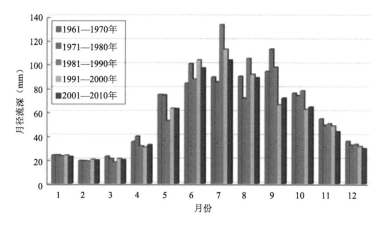

图 6-6 1961—2010 年重庆月径流深的年代际变化

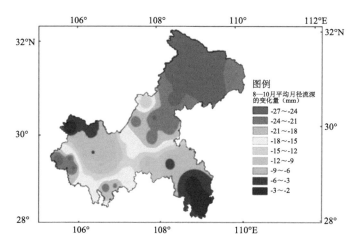

图 6-7 重庆市 8—10 月平均月径流深差值
(21 世纪前 10 年较 20 世纪 80 年代)空间分布

6.2.3 地表水资源(径流)变化归因

基于模拟的河流某断面天然月径流过程,可以定量给出影响评价期(1991—2010 年)较基准期(1961—1990 年)的月径流变化特征;并估算出人类活动与气候变化对各月径流变化的贡献率(Wang et al,2009)。径流变化归因:即人类活动与气候变化对径流变化的贡献率。将实测径流序列划分为两个阶段:第一个阶段为流域保持天然状态的阶段,将该时期的实测径流作为基准值;第二个阶段为人类活动影响阶段,认为该时期的实测径流相对于基准期的变化,是气候变化和人类活动两种因素共同作用的结果。利用水文模型,将影响评价期的天然径流减去基准期的天然径流就可以算出气候变化引起的径流变化量,而影响评价期的实测径流与天然径流之差就是人类活动引起的径流变化量。

6.2.3.1 年径流变化的定量归因

表 6-2 给出了气候变化和人类活动对三个水文站年径流减少量的贡献率。两种方法都指示人类活动已经成为径流减少的主因。在影响评价期,人类活动引起的径流减少量占 64.8%～

74.8%。由此可见,重庆市各流域分区年径流减少量很大程度上都归因于人类活动的影响。接下来采用回归分析法计算年径流变化的成因。将天然径流基准期划分为率定段(1960—1980 年)和验证段(1981—1990 年)。对比实测与天然月径流过程发现,气候因素的变化导致寸滩站、北碚站和武隆站年径流量(以径流深计)在影响评价期较基准期分别减少 5.84 mm、10.73 mm 和 9.56 mm。相应地,人类活动在影响评价期引起的年径流减少量分别为 17.20 mm、27.38 mm 和 23.26 mm(表 6-2)。与基准期(1960—1990 年)相比较,影响评价期(1991—2011年)人类活动和气候变化的各种因素对水文站年径流减少量的贡献率如图 6-8 所示。

表 6-2　气候变化和人类活动对年径流量变化的贡献

水文站	成因分析方法	时期	气候变化贡献量(mm)	人类活动贡献量(mm)	气候变化贡献率(%)	人类活动贡献率(%)
寸滩站	弹性系数法	影响评价期	−7.02	−16.02	29.9	70.1
	回归分析法	影响评价期	−5.84	−17.20	25.2	74.8
北碚站	弹性系数法	影响评价期	−13.40	−24.71	35.2	64.8
	回归分析法	影响评价期	−10.73	−27.38	28.2	71.8
武隆站	弹性系数法	影响评价期	−10.48	−22.44	31.8	68.2
	回归分析法	影响评价期	−9.56	−23.26	29.1	70.9

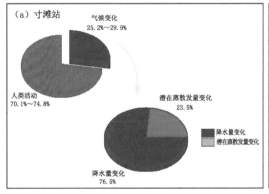

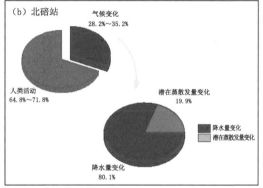

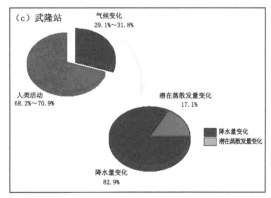

图 6-8　2011 年较 1960—1990 年各水文站年径流量减少的成因分析

6.2.3.2　月径流变化的定量归因

基于模拟的天然月径流过程,回归分析法还可以估算出人类活动与气候变化对各月径流变化的贡献。这里给出影响评价期(1991—2011 年)较基准期的月径流变化成因(图 6-9)。寸滩站 5—11 月径流在 1991 年后均较之前有不同程度的减小,其中 8—10 月减少幅度最大,分别折合径流 5.5 mm、10.2 mm、12.4 mm,3 个月平均径流减少 9.4 mm;北碚和武隆站的径流过程显示出类似的特征,即 12 月至次年 4 月径流略有增加,5—11 月径流减少,其中 8—10 月径流减少幅度显著,期间两站径流平均减少量,折合径流深分别减少 10.5 mm 和 9.8 mm。

　　进一步探讨气候变化与人类活动对径流量年内分配特征的影响。气候变化的因素对月径流的影响幅度有限,7 月汛期径流有一定程度的增大,8—10 月的径流普遍减少;人类活动的影响规律明显,12 月至次年 4 月使径流略有增加,在 5—11 月导致径流减少。7 月,人类活动完全抵消了气候变化的影响,导致实际径流的减少,8—10 月人类活动导致径流在气候变化的基础上进一步减少。总的来看,与基准期(1961—1990 年)相比较,影响评价期(1991—2010 年)人类活动和气候变化的各种因素对上述水文站年径流减少量的贡献率分别为 65%～70% 和 30%～35%。

　　气候变化与人类活动的影响叠加,在 7 月人类活动抵消了气候因素的增水作用,而使径流呈减少特征;在 8—10 月共同加剧了径流减少。这里的人类活动,主要包括上游水库调节作用、跨流域调水等过程。流域上游对径流过程的人为调节作用,已经很大程度上影响了重庆市的过境地表水资源量,导致 8—10 月长江干流控制站径流的显著减少。

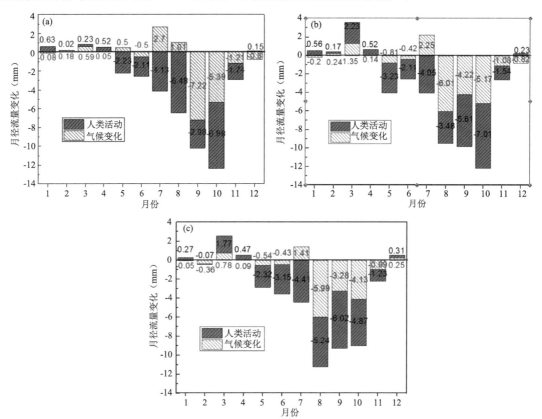

图 6-9　1991—2011 年较 1960—1990 年各水文站月径流量(折合径流深)变化的成因分析
(a. 寸滩站;b. 北碚站;c. 武隆站)

6.3　未来重庆水资源变化预估

近期,为 IPCC 第五次评估报告(AR5)提供支持的 CMIP5(耦合模式比较计划第五阶段的多模式数据)已经发布。国家气候中心集合 21 个 CMIP5 全球气候模式(General Circulation Model,GCM)的模拟结果,制作了一套空间分辨率为 1°的月平均资料,时间范围覆盖历史模拟期(1961—2005 年)和预估期(2006—2100 年)。CMIP5 模式采用了新一代温室气体排放情景(典型浓度路径,RCPs)。其中,RCP2.6、RCP4.5 和 RCP8.5 各提供了一种受社会经济条件和气候影响的温室气体排放路径,分别将 2100 年的辐射强迫水平控制在 2.6 W/m²、4.5 W/m² 和 8.5 W/m²。这里将采用 CMIP5 集合平均数据以及 RCPs 情景,预估重庆市水资源量和年、月径流的变化。

1990 年以前人类活动对重庆市的径流过程影响较小,因此,选定 1960—1990 年为气候变化影响评估的历史基准期,构建月径流水量平衡模型。预估期分为未来 4 年(2017—2020 年)、近期(2021—2030 年)、中期(2031—2060 年)和远期(2061—2100 年)。

采用 GCM 的预估数据评估温室气体浓度增加对水资源的影响是普遍认可的技术手段。然而也必须认识到,GCM 是在全球尺度模拟地球物理系统中大气、海洋与下垫面等分支的物质与能量交换,在流域尺度与实际观测场可能存在不小的偏差。Sun 等(2015)评估了 CMIP5 对我国历史气候条件的模拟能力,发现 CMIP5 数据能够体现我国气候的地理分布特征,以及年内循环特征,但倾向于高估年平均气温和低估年降水量。这延续了前代数据集 CMIP3 的特点。为此,在使用 CMIP5 的预估数据之前,本研究事先校正了模拟偏差,以期提高未来气候情景的预估精度。

6.3.1　重庆市水资源量变化过程

三种 RCP 情景下重庆市水资源量在未来 4 年(2017—2020 年)、近期(2021—2030 年)的均值都小于历史模拟期的均值 582.0 亿 m³;在中期(2031—2060 年)和远期(2061—2100 年)的均值都大于历史模拟期的均值。

从年际变化过程来看(图 6-10),预估期(2017—2100 年)重庆市水资源量总体呈现增加趋势;大约在 2060 年以前,各 RCP 情景的变化趋势较为一致都以上升趋势为主。2060 年以后,RCP2.6 情景下的水资源量先达到最大值,然后渐趋平稳;RCP4.5 的水资源量仍然持续增加;RCP8.5 的水资源量呈现波动状态,具体表现为先增加后减少,最后增加。按线性趋势统计,截至 2060 年三种情景的水资源量较历史模拟期的增幅为 0.9%～3.1%,2100 年达到 14.5%～23.2%。

6.3.2　重庆市各分区水资源量

三种 RCP 情景下各区县的水资源量在预估期(2017—2100 年)都呈现出逐渐增加趋势;预估期各区县的水资源量在 RCP4.5 情景下最多,RCP8.5 情境下最少。从图 6-11 可以看出,不同 RCP 情景下,重庆市各区县的水资源量空间分布有一定差异,但总体上都呈现出由渝西向渝东南和渝东北两个方向递增的趋势。

不同的未来气候变化情景下,重庆市水资源量预估成果均表明,重庆市水资源量在未来 4

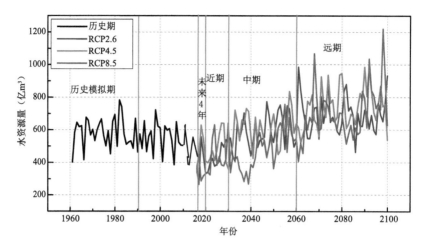

图 6-10　各 RCP 情景下预估的重庆市水资源量

年,将延续近 30 年来的减少趋势,其后的 10 年,水资源量减少的趋势有所缓和,趋于平稳;而中期,即 2030 年以后,水资源量将出现不同程度的增加,远期,即 2060 年以后水资源量的增加幅度将进一步增大,并将恢复到甚至高于历史基准期(1961—1990 年)的水资源量水平。在制定区域水资源规划时,应充分考虑这种区域水资源量的近期与远期变化特征。

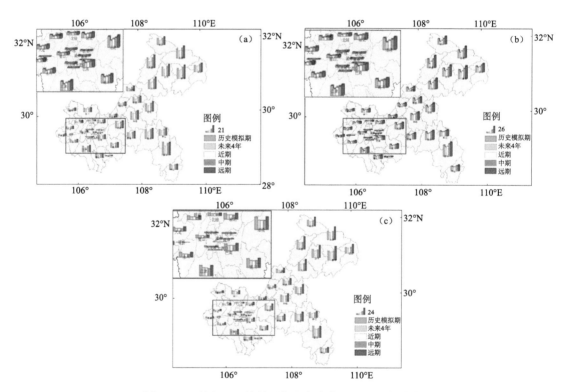

图 6-11　不同 RCP 情景下各县市水资源量的空间分布
(a. RCP2.6;b. RCP4.5;c. RCP8.5)

6.4　重庆水资源适应气候变化的对策建议

未来的气候将继续变化,自然的年际、年代际气候波动永无停息。人类活动引起的全球气候变化也必须考虑。伴随气候平均态的变化,极端气候事件如强降水和干旱事件频率可能发生变化。未来全球气候变化可能改变大气降水的空间分布和时间变异特性,改变水资源空间配置状态,加剧中国部分流域的水资源供给压力,直接影响到水资源稀缺地区的可持续发展。

鉴于气候变化对长江上游流域水资源影响的不确定性,对重庆市水资源采取何种适应对策,趋利避害,应对水资源管理的不利形势,提高水资源的安全保障,是摆在我们面前的主要问题。重庆地区水资源的适应对策主要有两个目的:一是促进重庆水资源的可持续开发和利用,解决未来重庆水资源的供需矛盾;二是增强水资源的调控适应能力、减弱水资源对气候变化的过度敏感性;为此必须采取相应的适应对策,有针对性地完善、落实好气候变化背景下重庆水资源的应对措施。

6.4.1　加强水资源调蓄能力建设,提高对气候变化的适应能力

结合海绵城市建设和小流域综合治理工程,因地制宜积极建设多尺度、多形式的水资源调蓄工程,建立水资源调蓄气象监测预报预警体系,科学制订水资源调蓄工程的蓄放水方案,实现对现有水资源的时空分布进行有效优化,消除或减缓区域气候变化对水资源系统及其开发利用带来的不利影响。

6.4.2　优化水资源开发利用模式,降低区域水资源脆弱性水平

提高用水效率、降低废污水排放,减轻水资源系统压力;适当提高水资源开发利用率、控制水土流失、提升水利工程调蓄能力、提高污水处理率,降低环境变化对水资源系统的影响程度,全面降低区域水资源脆弱性水平。

6.4.3　加强针对气候变化和人类活动双重影响下的水资源适应性管理和风险管理研究

进一步细化趋势性气候变化、人类活动、极端天气气候事件等对可利用水资源的影响研究,深入分析水资源供需的时空匹配特征及其变化规律,制定有针对性的水资源管理适应性对策。将适应气候变化对水资源影响问题纳入经济建设和社会发展规划,充分发挥政府对水资源适应性管理工作的决策主导作用;强化部门间的联动协作,有效管控气候变化对水资源系统带来的风险,确保经济社会的可持续发展。

总之,气候变化对水资源的影响是全方位的,研究工作也有待进一步拓展,不管什么适应措施,都应该遵循与时俱进、不断创新的原则,争取更好地服务于重庆未来的经济和社会建设。

参考文献

重庆市水利局,2001—2006.重庆市水资源公报 2005—2015[R].

Anghileri D,Pianosi F,Soncini-sessa R,2014. Trend detection in seasonal data:from hydrology to water resources [J]. Journal of Hydrology,511:171-179.

Sun Q H,Miao C Y,Duan Q Y,2015. Comparative analysis of CMIP3 and CMIP5 global climate models for simulating the daily mean, maximum, and minimum temperaturs and precipitation over China [J]. Journal of Geophysical Research: Atmospheres, 120(10):4806-4824.

Wang W C, Chau K W, Cheng C T, et al,2009. A comparison of performance of several artificial intelligence methods for forecasting monthly discharge time series [J]. Journal of Hydrology, 374(3-4): 294-306.

第 7 章　气候变化对重庆能源的影响与适应

摘　要：重庆部分地区风能和太阳能资源丰富。1961—2015 年，重庆采暖度日呈现减少的变化趋势，制冷度日则呈现出先减少后增加的变化趋势，最近 5 年（2011—2015 年）是 1961 年以来平均采暖度日最多的时段，也是平均制冷度日最高的时段。近 50 年来重庆部分地区降水呈减少趋势，有可能造成径流量的减少，对水力发电产生负面影响。对于风能、太阳能等可再生清洁能源，气候变化的影响也是以负面为主的。统计分析表明，近 50 年来重庆区域地面风速呈下降趋势。气温的升高有利于生物量的蓄积，气候变化对于重庆生物质能的影响总体是正面的。预计未来气候变化对重庆冬季采暖和夏季降温耗能、能源生产供应、水力发电、能源政策均有较大影响。重庆能源适应气候变化的对策包括：大力发展清洁能源，将气候变化影响纳入能源发展规划、强化极端事件和灾害条件下的能源安全保障服务、合理规划能源发展，充分认识气候变化背景下气象灾害的发生规律，充分发挥气象在防灾减灾中的关键作用，有效降低气象灾害给能源供应带来的风险。

7.1　重庆气象能源状况

气候变化对区域能源的影响，从减缓适应气候变化的角度理解主要体现在对能源生产、消耗需求等方面。在能源供给生产方面，对气候要素变化敏感的是可再生能源的生产，如太阳能、风能和水力发电生产。能源消耗需求受气候变化的影响，主要极端天气气候事件、诸如冷、暖事件，降温或取暖空调的使用，会使电力消耗发生波动性变化。本章重点讨论气候变化对重庆气象能源的影响问题。重庆辖区气象能源生产状况可以概括为"水能资源十分充足，风能、太阳能等可再生能源开发潜力巨大"。

7.1.1　重庆气象能源分布

在风能资源较为匮乏的重庆，其少部分地区也存在较好的风能资源。在重庆的东北部（大巴山、巫山、七曜山东段一带）和东南部高山（武陵山、大娄山北缘山地、方斗山一带）地区，尤其是地势高突的高山草场、山脊的风能资源最好，西部地区及市区其他低海拔地区风能资源较少（图 7-1）。风能资源存在着明显的季节变化特征：东北部的风能资源以春季最大，冬季次之，夏季最小，东南部的风能资源是春季最大，夏冬次之。

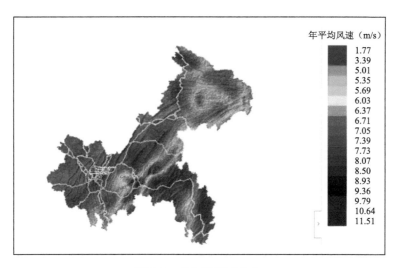

图 7-1　重庆风资源分布

重庆市太阳总辐射年总量为 2984.16～3940.44 MJ/m²，总体表现为北高南低的空间分布；高值区位于东北部，其中以巫山站最大；低值区主要分布于东南部地区，最小值出现在彭水站，这与东南部地区降水和云量相对较多有关；在西部的大足（3196.23 MJ/m²）、荣昌（3190.92 MJ/m²），主城区附近，以及西南部綦江（3170.29 MJ/m²）等地，年太阳总辐射相对也较低（图 7-2）。

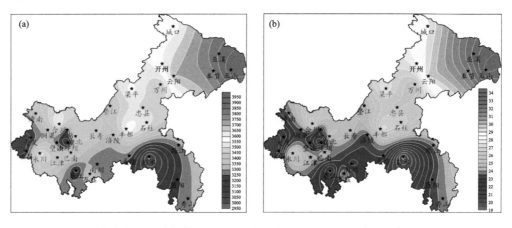

图 7-2　重庆市年太阳总辐射量（a，MJ/m²）和年平均日照百分率（b，%）的空间分布

重庆市太阳总辐射的季节分布总体表现为夏季＞春季＞秋季＞冬季。春夏两季均表现出北高南低的空间分布特征，春季各站太阳总辐射为 813.21～1138.75 MJ/m²，平均占全年太阳总辐射的 28.9%，夏季各站太阳总辐射为 1201.18～1487.66 MJ/m²，平均占全年太阳总辐射的 39.9%，春夏两季太阳总辐射以东北部巫山最高，东南部彭水最低；秋冬两季总体表现出东高西低的空间分布特征，秋冬季以东部巫山最高，秋季西部边缘荣昌最低，彭水附近也相对较低，冬季主城区沙坪坝最低，低值中心较多（图 7-3）。

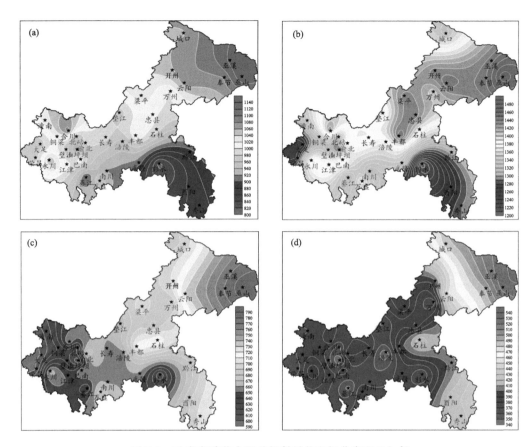

图 7-3　重庆市季节太阳总辐射量的空间分布（MJ/m²）

（a. 春季；b. 夏季；c. 秋季；d. 冬季）

7.1.2　重庆气象能源生产现状

目前,重庆市已有武隆四眼坪和石柱狮子坪风电场投入运行,装机容量共 9.63 万 kW。"十二五"期间,重庆计划新建石柱、巫山等 14 个风电场,装机规模 70 万 kW,总投资 70 亿元。现已核准开建风电场 8 个,装机规模 37 万 kW,总投资 39 亿元,另 6 个风电场已经进入核准程序。重庆风电的优势在于:重庆风电场距离负荷中心近,最远 20 km 就能送上电网供用户使用,投资和电损相对较小;风能利用率高,不存在弃风问题;电网消纳条件好,可以实现所发电量全额上网。

目前,由于气候、观念、经济条件等各方面的原因,重庆对太阳能的利用较少,规模也较小,农村地区利用更少,太阳能产品还未得到广泛应用。一般利用各月日照时数>6 h 的天数反映太阳能资源的可利用价值。值越大,说明该地区日照越充裕、越稳定,受天气变化影响越小,越有利于太阳能资源的开发利用。重庆太阳能资源的利用价值在空间上的分布差异较大。结合图 7-4 和表 7-1 可以看出,重庆市年日照时数>6 h 的天数总体表现为"北高南低"的空间分布;其中,东北部地区太阳能资源利用价值最高,特别是巫山、巫溪和奉节,年日照时数>6 h 的天数在 125 d 以上;中部地区次之,梁平、万州、忠县、石柱等地年日照时数>6 h 的天数在 105 d 左右;东南部、西部和主城附近,年日照时数>6 h 的天数通常在 95 d 以下,太阳能资源利用价值相对较低。

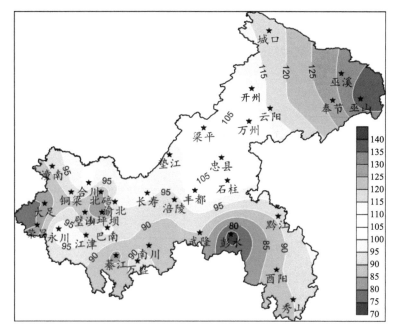

图 7-4 重庆市年平均日照时数＞6 h 的天数分布(d)

表 7-1 重庆地区年总日照时数和年平均日照时数大于＞6 h 的天数

站点	日照时数(h/a)	日照时数＞6 h 的天数(d)	站点	日照时数(h/a)	日照时数＞6 h 的天数(d)
城口	1305	116	北碚	1019	82
开州	1283	109	合川	1231	102
云阳	1357	117	渝北	1164	96
巫溪	1478	131	璧山	1049	86
奉节	1428	126	沙坪坝	960	79
巫山	1526	138	江津	1134	94
潼南	1097	91	巴南	1152	97
垫江	1118	95	南川	1033	86
梁平	1266	108	长寿	1148	96
万州	1178	101	涪陵	1073	90
忠县	1199	101	丰都	1258	107
石柱	1241	106	武隆	1068	89
大足	999	80	黔江	1083	91
荣昌	988	79	彭水	886	71
永川	1196	101	綦江	983	82
万盛	1119	95	酉阳	1058	89
铜梁	1086	91	秀山	1083	89

重庆地区太阳总辐射年平均总量为 2984.2～3940.4 MJ/m²，位于重庆东北部的巫山、巫溪和奉节属于太阳能资源丰富区域，其他大部分地区年太阳总辐射量在 3780 MJ/m² 以下，属于资源一般区域。重庆市太阳能使用率在 4% 左右，主要是太阳能热水器。

7.2　气候变化对重庆能源影响的观测事实

7.2.1　对重庆制冷、采暖耗能的影响

度日是指日平均温度与基础温度的实际离差，分为采暖度日（heating degree days，简称 HDD，下同）和制冷度日（cooling degree days，简称 CDD，下同）。度日法多用于估计采暖和制冷能源需求（Durmayaz et al，2003；Sarak et al，2003；Andreas et al，2004）。国内众多学者在研究中均将 18.0 ℃ 作为基础温度（张天宇 等，2009；谢庄 等，2007）。结合重庆气候特点，将采暖度日基础温度取为 10.0 ℃，制冷度日基础温度取 26 ℃（重庆气候公报，2015），统计分析了重庆逐年采暖度日和制冷度日的变化特征。年采暖度日定义为年内 1—3 月和 11—12 月逐日采暖度日之和。年制冷度日则定义为年内 4—10 月逐日制冷度日之和（任永建 等，2010）。

7.2.1.1　采暖度日和制冷度日的年际变化

1961—2015 年采暖度日（HDD）总体呈现减少的变化趋势（图 7-5a）。在 1961—2015 年，采暖度日以 10.4（℃・d）/10a 的线性趋势减少。20 世纪 60 年代，平均采暖度日最高，为 297.2 ℃・d 而在 21 世纪前 10 年（2001—2010 年），平均采暖度日最低，为 211.1 ℃・d，这与 20 世纪 60 年代（1961—1970 年）采暖度日较低的时段相比，减少了 29.0%。HDD 值大表明冬半年气温低，用于采暖消耗的能源多；相反，值小表明气温高，采暖需要消耗的能源就少。

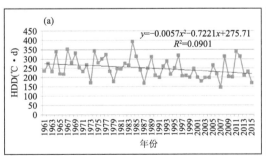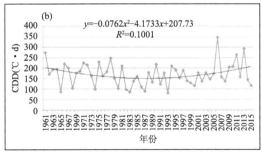

图 7-5　1961—2015 年重庆区域 HDD(a)、CDD(b) 的年际变化曲线

1961—2015 年制冷度日（CDD）总体呈现出先减少后增加的变化趋势（图 7-5b）。其中 1961—1982 年，制冷度日以 19.0（℃・d）/10a 的线性趋势显著减少，而在 1982—2015 年，制冷度日以 25.0（℃・d）/10a 的线性趋势显著增加。20 世纪 80 年代，平均制冷度日最低，达 141.8 ℃・d。而在最近 5 年（2011—2015 年），平均制冷度日最高，达 194.8 ℃・d，这与 20 世纪 60 年代（1961—1970 年）制冷度日较高的时段相比，仍增加了 37.4%。年制冷度日大表明夏半年气温高，制冷需要消耗的能源就多。

7.2.1.2 采暖度日、制冷度日空间变化

重庆区域 HDD 空间分布特征基本上呈现自东向西递减的趋势(图 7-6a)。东南部和东北部属于高采暖度日区域,HDD 在 465 ℃·d 以上,其中城口、酉阳、黔江均在 465 ℃·d 以上;中部以西地区属于低采暖度日区域,HDD 在 200 ℃·d 以下。1961—2015 年,采暖度日除在少数地区增加外,其余大部分地区均处于减少趋势(图 7-6b)。整个重庆中部、东部以及除个别地区西部的采暖度日在过去的 50 年间,以高于 9(℃·d)/10a 的速率减少;在重庆的东北部的巫溪和奉节,采暖度日在过去 50 年间以高于 47(℃·d)/10a 的速率减少。

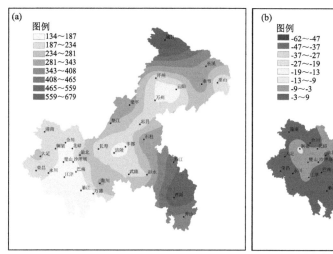 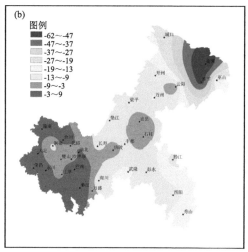

图 7-6 1961—2015 年重庆 HDD 气候平均值(a)(单位:℃·d)
及变化率(b)(单位:(℃·d)/10 年)空间分布

重庆区域 CDD 基本上呈与采暖度日相反的变化特征(图 7-7a),区域内制冷度日东部低于西部地区。重庆大部地区属于中高制冷度日区域,除了城口、酉阳、黔江、石柱和南川制冷度日在 100 ℃·d 以下外,其余地区制冷度日在均 120 ℃·d 以上。1961—2015 年,制冷度日在多数地区都呈现出增加趋势,以东北部巫溪的局部增加最为明显,但在云阳、綦江、巴南、巫山、石柱、忠县、大足、武隆和北碚等地的制冷度日数呈减少趋势(图 7-7b)。其余大部分地区制冷度日在过去 50 年间以 5.3(℃·d)/10a 的速率增加。

7.2.2 对重庆能源生产的影响

气候变化将对以水电为主的重庆能源的增长产生重要影响。从全市平均来看,1961—2015 年年降水量呈现小幅度减少趋势,每 10 年减少约 10.8 mm,尤其是 20 世纪 80 年代中期以来降水偏少年份有增多的趋势。1961—2015 年,降水量最多的年份是 1998 年,降水量 1434 mm,偏多 27.5%,降水量最少的年份是 2001 年,降水量 862.2 mm,偏少 23.4%。其中重庆市的西部、东南部等地减少趋势明显(蒋智 等,2009),上述地区有可能造成径流量的减少,对水力发电产生负面影响。水力发电对气候变化比较敏感,极端的气候事件,尤其是干旱对水电的影响非常大,例如:2006 年夏季,涪江、嘉陵江等主要江河出现了"汛期枯水",长江重庆段达到百年一遇的枯水位,重庆 2/3 的溪流断流,水力发电减少了 120 万 kW。

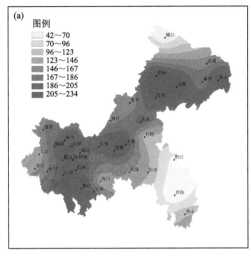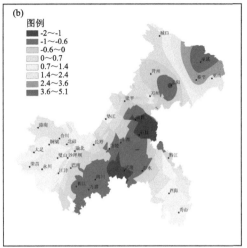

图 7-7　1961—2015 年重庆 CDD 气候平均值(左)
(单位:度日)及变化率(右)((℃·d)/10a) 空间分布

气候变化将改变风力分布,对风力发电产生影响。根据长年代 50 m 高度数值模拟结果,结合 GIS 空间分析显示,重庆市 70 m 高度上风功率密度大于 150 W/m² 的技术开发面积为709 km²,技术开发量为 218 万 kW;大于 200 W/m² 的技术开发面积为 491 km²,技术开发量为 147 万 kW;大于 300 W/m² 的技术开发面积为 446 km²,技术开发量为 138 万 kW。(高阳华 等,2011)。风的能量与风速的三次方成比例,有研究认为,风力 10% 的峰值变化能使可获得的风能产生 30% 的变化。1961—2012 重庆市平均风速呈较为明显的线性减小趋势,下降速率为 0.06(m/s)/10a。重庆市平均风速变化趋势具有明显的地域性差异,年平均风速除西部与东北部沿江部分地区略有增大外,其余大部地区呈减小趋势,其中东北部偏东地区与中部的局部地区减小较为明显,平均风速下降将减少风力发电的发电量(李艳 等,2010)。

从 1961—2015 年年日照时数变化来看,20 世纪 60—70 年代为日照时数明显偏多阶段,80—90 年代为偏少时段,进入 21 世纪后又略偏多(程炳岩 等,2011)。近 55 年来日照时数变化呈波动下降趋势,下降趋势明显,速率为 39.4 h/10a,尤其从 20 世纪 80 年代以来下降最为迅速。1961—2015 年,日照时数最多的年份是 1978 年,日照时数为 1544.4 h,比常年偏多390.0 h,偏多 33.8%,日照时数最少的年份是 2012 年,日照时数为 947.8 h,比常年偏少206.6 h,偏小 17.9%。从空间上重庆东北部的巫山、巫溪和奉节属于太阳能资源丰富区域,其他大部分地区年太阳总辐射量在 3780 MJ/m² 以下,属于资源一般区域。重庆东北部地区太阳能资源的稳定程度较好,而重庆大部分地区太阳能资源较不稳定。重庆地区年日照时数>6 h 的天数总体表现为“北高南低”;其中,东北部太阳能资源利用价值最高,中部地区次之,东南部、西部和主城附近太阳能资源利用价值相对较低。近年来,随着重庆市环境保护力度的持续加大和可再生能源产业的蓬勃发展,重庆整体空气质量有所好转,减少了对太阳光的削弱作用,这是重庆太阳能产业发展的潜在有利因素。

7.2.3　对城市能源消费的影响

随着工业化、城市化进程的加快,以及居民消费结构的升级,能源消费对气候变化日益敏感(谭冠日,1992;郑斯中 等,1988)。温度与能源消费的关系具有明显的季节性和区域性,温度变化对采暖和降温所需的能源消耗有不同的影响(Downton et al,1988;Morris,2001)。能源消耗波动值与 1 月平均气温距平呈显著负相关,与 7 月平均气温距平呈显著的正相关。1月平均气温降低或 7 月平均气温升高,预示能源消耗可能增加,反之则可能减少。冬季气温升高将降低室内升温所需的能耗,而夏季气温升高将显著增加室内制冷所需的能耗,夏季的 1 ℃能源效应量是冬季的 2 倍左右。

7.3 气候变化对重庆能源预计的影响

7.3.1 对冬季采暖、夏季制冷耗能影响

根据第五章有关结论,在低排放情景下,全球气候模式预估的结果表明重庆未来 40 年年平均气温将比基准期偏高 0.8 ℃,夏、冬季分别偏高 0.6 ℃和 0.8 ℃。高排放情景下,重庆未来 40 年年平均气温将比基准期偏高 0.9 ℃,夏、冬季分别偏高 0.9 ℃和 0.9 ℃。张天宇等(2012)分析了气候变化对重庆地区降温耗能的影响,指出重庆气温与降温耗能具有很好的同步性,气温若升高 1 ℃ ,整个暖季(5—9 月)、夏季(6—8 月)中重庆全区平均的降温耗能将分别增加 56%、46%;在暖季或夏季,气温若升高 1℃时降温耗能增加效应量重庆各个分区由大到小依次为:东南部、西部、西南部、中部、主城、东北部;暖季气温若升高 1 ℃时,全区平均制冷日数将增加 16 d,主城将增加 14 d,其他地区将增加 15 d。由于夏季升温 1 ℃的能源效应量是冬季降温 1℃能源效应量的 2 倍左右,加之未来重庆可能出现高温日数增多、高温热浪频率和强度增大,并且不排除阶段性极端低温的频繁影响对采暖耗能的需求会有所增加,因此,未来重庆区域内用于采暖和制冷的能耗总体上趋于增加。

7.3.2 对城市居民用电及电力负荷的影响

不同排放情景下,未来 40 年重庆地区气温都将呈持续上升趋势。有研究表明,重庆市电力指标在夏半年与气温呈正相关,冬半年呈负相关。夏季电力负荷受温度的影响比冬季大(杜彦巍,2006)。2016 年由于盛夏高温热浪明显,高温日数显著偏多,制冷热耗较常年显著偏多7～8成。2016 年全市用电量 724 亿 kW·h,较 2015 年(676.3 亿 kW·h)偏多 47.7 亿 kW·h。因此,重庆市居民生活用电将出现不同程度的增加,增加的幅度依据未来经济发展程度,以及人口增加等因素。

随着人民生活水平的提高,工业化的加速,城市电力负荷呈逐渐加大的趋势。在全球变暖的背景下,21 世纪重庆区域可能会出现持续增暖、高温日数增多,高温热浪等极端事件频发且强度增大,区域气候变化将进一步加剧。夏季大、中城市空调制冷电力消费的增长趋势,对电力供应的保障带来更大的压力。

7.3.3 对能源需求的影响

气候对能源需求的影响已受到广泛关注。随着空调、住宅取暖日益广泛的使用,能源需求对气候变化的敏感性更加显著。根据 1980—2010 年的重庆市能源消费总量以及煤炭能源消耗量数据,采用 Eviews 软件对该时间系列建立 ARIMA 模型,计算出年度预测年份(2011—

2015 年)能源消耗量。根据拟合出来的 ARIMA 模型预测的结果显示,重庆市在"十二五"期间的能源消耗总量依然会保持在 10%~13.6% 程度的增长,到 2015 年能源消耗总量大约为 12927.98 万吨标准煤,是 2005 年的三倍左右。而在"十二五"期间占能源消耗总量 70% 以上的煤炭能源的消耗预测量亦将与能源消耗总预测量保持着同步增长为 10% 左右,这就表明重庆市以煤炭为主的能源消耗结果在近期内不会有很大的改变(李俊霞,2012)。

7.4　重庆能源适应气候变化的对策和措施

7.4.1　加快能源结构调整

开展能源消耗调控行动,调整产业结构,合理控制工业能源消耗,淘汰落后的高能耗产业并防止高能耗行业增长过快。同时加大科技投入和技术引进,以带动产业结构升级,提高能源利用效率,监督能源消耗大户开发并运用洁净煤技术,加快实现煤炭的清洁利用,挖掘煤炭最大限度的利用潜能并将其污染力降到最低。在煤炭洁净利用技术还不成熟、煤炭洁净利用成本还较高的情况下,应对第二产业对优质煤炭资源的使用实施监督。

7.4.2　大力发展清洁能源和新能源

大力发展清洁能源的措施主要有以下几点:(1)通过新建多座测风塔和太阳能观测站,进一步寻找和评估风能、太阳能资源分布丰富的地区,获取有效风资源相关数据。(2)考虑太阳能资源的分析评估和业务服务需要,加强太阳能资源评估业务服务平台的建设,加大重庆市屋顶可用太阳能资源评估,积极推进太阳能屋顶示范工程。(3)要大力开发浅层天然气资源,提高天然气消费比重。(4)大力推进煤炭绿色生产与清洁利用,积极发展核电等新能源和可再生能源,形成以电力为核心的可靠、经济、清洁、低碳的多元化能源保障体系。(5)发展农村清洁能源,发展集中型沼气和户用沼气,积极推广秸秆气化,积极发展小水电和微水电。坚持节能优先,加快推进能源结构调整,淘汰落后生产能力,提高能源效率,降低能源环境污染,促进能源可持续发展。(6)积极推进生物质能发电项目,结合林权流转,充分利用宜林荒山荒地开展能源林建设,在秸秆、林木废弃物集中的区县布局一批生物质能发电工程。

7.4.3　把气候变化影响纳入能源发展规划

在未来能源发展规划中,必须权衡工业、农业到住宅和公共工程等不同行业的能源需求,气候变化对常规能源和新能源、可再生能源的不同影响,为了规划未来可持续的能源供应,能源供应系统的设计、开发和管理也必须要考虑气候变化的影响。

7.4.4　强化极端事件和灾害条件下的能源安全保障服务

充分认识气候变化背景下气象灾害的发生规律,充分发挥气象在防灾减灾中的关键作用,可有效降低气象灾害给能源供应带来的风险。应对气候变暖背景下极端气候事件的影响,必须提高能源和电力设施的抗风险能力。根据气候变化的规律,加强设施建设的气候可行性论证,避免和减轻极端气候事件所带来的危害。针对能源工程开展气候风险评估和可行性论证,实现多部门的协调机制。针对可能影响能源安全、存储、生产以及供需的自然灾害,制定相应的行业服务应急预案。

参考文献

白莹莹,魏麟骁,扬琴,等,2016.重庆市气候公报 2015 年[R].

程炳岩,孙卫国,孙仕强,等,2011.重庆地区太阳总辐射的气候学计算方法研究[J].西南大学学报(自然科学版),33(9):94-104.

杜彦巍,2006.综合气象指数对电力负荷的影响分析[J].重庆大学学报,29(12):56-60.

高阳华,陈艳英,陈志军,等,2011.重庆风能详查和评估报告[R].

蒋智,况明生,2009.重庆地区近 57 年降水量变化特征及其影响分析[J].亚热带水土保持,21(2):9-13.

李俊霞,2012."十二五"期间重庆市能源消费的趋势分析[D].成都:成都信息工程学院.

李斯中,黄朝迎,冯丽文,等,1988.气候影响评价[M].北京:气象出版社.

李艳,耿丹,董新宁,等,2010.1961—2007 年重庆风速的气候变化特征[J].大气科学学报,33(3):336-340.

任永建,刘敏,陈正洪,等,2010.华中区域取暖、降温度日的年代际及空间变化特征[J].气候变化研究进展,6(6):424-428.

谭冠日,1992.气候变化与社会经济[M].北京:气象出版社.

谢庄,苏德斌,虞海燕,2007.北京地区热度日和冷度日的变化特征[J].应用气象学报,18(2):232-236.

张天宇,程炳岩,唐红玉,2009.重庆热度日和冷度日的变化特征[J].大气科学研究与应用(1):63-72.

张天宇,李永华,王勇,等,2012.气候变化对重庆地区降温耗能的影响[J].重庆师范大学学报(自然科学版),29(2):36-41.

Andreas Matzarakis, Christos Balafoutis, 2004. Heating degree-days over Greece as an index of energy consumption[J]. International Journal of Climatology,24:1817-1828.

Downton M W, Stewart T R, Miller K A,1988. Estimating historical heating and cooling needs: per capita degree days [J]. Journal of Applied Meteorology,27(1):84-90.

Durmayaz Ahmet, Mikdat Kadioglu,2003. Heating energy requirements and fuel consumptions in the biggest city centers of Turkey[J]. Energy Conversion and Management,44:1177-1192.

Morris M,2001. The impact of temperature trend on short-term energy demand [EB/CD]. http://www.doe.gov/. 2001-10-16.

Sarak H, Satman A,2003. The degree-day method to estimate the residential heating natural gas consumption in Turkey: a case study[J]. Energy,28:929-939.

第 8 章　重庆气候变化评估不确定性分析

摘　要：重庆气候变化评估主要包括区域气候变化事实、未来气候变化预估、气候变化的影响三个方面，三个方面的结论都有一定的不确定性。区域气候变化事实的不确定性主要是由于观测资料的不确定性和城市化影响的不确定性造成。气候变化预估的不确定性主要来源于未来排放情景的不确定性、气候模式本身的不确定性及观测检验增加的不确定性。气候变化影响评估的不确定性，一是来自于气候变化情景、评估模型和评估过程的不确定性，二是因收集的文献研究时段、研究区域、方法、使用资料的不同造成的不确定性。

8.1　气候变化事实的不确定性来源

8.1.1　资料的不确定性

历年的各种观测资料在用于气候变化研究时，会因观测仪器改变、台站的迁移、观测规范的修改等产生系统偏差，进而影响气候变化相关研究结果，而观测台站的迁移和观测规范的改变也同样会带来系统偏差（王绍武 等，2001；龚道溢 等，2002）。站址迁移对观测数据均一性的影响很大，尤其是对极端气温、雨量、风速等气象要素（吴增祥，2005）。台站环境、观测仪器类型及安装高度、地表裸露程度，观测方法的变动，对观测记录的均一性也有较大的影响。

重庆境内共有国家级地面站 35 个，包括 1 个国家基准气候站、11 个国家基本气象站、23 个国家一般气象站（其中天城站由于资料年限短未在业务和科研中使用）。大部分国家地面气象观测站在建成后都有过搬迁历史，主要原因有二：一是支持三峡库区建设，库区沿岸地面气象观测站进行了大规模搬迁；二是由于城镇化进程的加快，使得许多原处于郊区的气象台站不断被城区吞噬，观测环境破坏，台站被迫搬迁。

重庆市 34 个国家级地面气象站经纬度范围在 105.6°E～109.9°E，28.4°N～31.9°N 之间，海拔高度在 166～800 m。历史沿革数据调查统计表明：在迁站方面，重庆市辖的 34 个气象站中，大部分都经历过迁站，有的迁站还不止一次。1951 年以来，有过迁站记录的气象站占到总站数的 70% 多，迁移 1 次的站有 10 个，占到总站数的将近 30%；迁移 2 次以上的站有 10 个（图 8-1）。在仪器方面，气温的观测仪器也发生过很多变化（表 8-1）。仪器变化主要体现在两个方面：一是仪器距地高度的变化；二是由人工观测向自动观测的转变，前者主要集中在 1960—1962 年，后者主要集中在 2002—2005 年。对重庆地区气温资料进行均一化检验，检验方法主要有 SNHT 和 TRP 检验法等,结果表明:重庆市大部分站点的气温资料可能存在非均一性问题,且部分站点的非均一性问题还比较严重。迁站是影响重庆气温资料非均一性的最重要的因素,仪器变动也有很大的影响。

对重庆地区气候变化事实的分析,年和四季气温的分析选用了通过均一性检验的站点,降水和涉及极端气温事件的分析选取了 34 个站的资料。迁站和仪器变动对资料带来的不确定影响代入到气候变化事实分析中,由资料产生的不确定性将在一定程度上造成结论的不确定性。

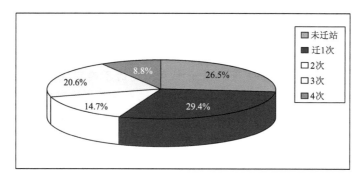

图 8-1 重庆台站迁移情况调查

表 8-1 气温观测仪器的变化

时间(年)	仪器	离地高度(m)
1951—1953	干湿球温度表	1.5
1954—1961	干湿球温度表	2.0
1962—2004	干湿球温度表	1.5
2005—2015	铂电阻温度传感器	1.5

8.1.2 城市化影响的不确定性

气候变化评估所用台站资料均来自于国家级气象站(指国家基准气候站和国家基本气象站)的地面气温观测记录。国家站多位于城镇附近,其地面气温记录可能受到增强的城市化影响。不少学者从台站或区域尺度上对此进行了评价,发现国家站中各类城镇站记录的地面气温趋势中,在很大程度上还保留着城市化的影响,大城市站受到的影响更明显(赵宗慈,1991,Ren et al,2008)。丁一汇等(1994)指出测站环境变化特别是城市化的影响是造成气候变化分析中资料不确定性的重要因素。目前研究表明,在城市台站和局地尺度上,多数研究均发现城市化对地面气温序列影响明显;区域尺度的研究结果存在较大的差异,但采用严格遴选乡村站资料的分析都得到了城市化影响很明显的结论。在我国国家级气象台站年平均地面气温的上升趋势中,至少有 27.3% 可归因于城市化影响;目前的研究仍然存在一些问题和困难,其中包括研究覆盖的区域和时间段有限、乡村站遴选标准不统一、城市化影响偏差订正方法有待完善等(任玉玉 等,2010)。

重庆市位于川渝盆地东南部,境内地形复杂、地势起伏,以丘陵、山地为主,周围地形特殊,北有巴山屏障,南为七曜山藩篱,西为平行岭谷开阔地带,东有巫山阻隔。一方面,由于独特的地形条件和地理位置,使得重庆区域内气候差异显著,重庆中西部属川渝盆地东部,而东北部和东南部山区属盆周山地,区域内站点海拔落差大,站点位置不能准确反映城市化发展的全部影响,并且迁站频繁发生,对站点资料的代表性也有所影响;另一方面,"大城市大农村"的格局,也说明区域内的城市化步伐不同,以主城区为中心的"一小时经济圈"在直辖后经济社会快速发展,而东北部和东南部山区由于交通、经济、地理等因素发展相对较慢,因此,以重庆全区域为背景分析重庆主城区的城市化影响不合适。以往的研究大多选取临近郊区站点计算中心城区和郊区站点的差值作为城市化影响,但随着重庆经济社会的快速发展,郊区站点也发生了城镇化,并且迁站造成的影响无法定量评估,增加相关研究的难度。白莹莹等(2013)以"一小时经济圈"范围作为重庆都市圈,因为其主要涵盖了重庆西部地区和中部部分地区,区域内海拔高度落差较东南部和东北部的山区小,且均属于同一气候区,因此,地形条件和气候特征差异相对较小,此外,该圈内涵盖了重庆区域内主要的经济主体和产业聚集区,揭示了城市化的发展对气温、降水等的主要影响。就增温幅度而言,1980 年以来,重庆中心城区增温 50% 很可能来自于城市化进程加快带来的下垫面改变。随着城市化进程的加快,夏季主城区及其北侧郊区降水增加,冬季主城区及其南侧郊区增加;主城区沙坪坝站炎热日数呈减少趋势,与临近的郊区呈现出明显差异。需要说明的是,目前的研究大多尚属定性研究阶段,定量的分析仍存在较多的不确定因素,需要进一步的研究深入。

8.2　气候变化预估的不确定性

气候变化预估的不确定性对科学理解气候变化预估和影响评估有重要意义。在进行区域气候变化预估时,目前给出的预估结果通常是一种可能的变化趋势和方向,包含很大的不确定性,其不确定性主要来源于三个方面:未来排放情景的不确定性、区域气候模式本身的不确定性和观测资料检验的不确定性。

(1)未来排放情景的不确定性。未来排放情景是气候变化预估的基础,未来排放情景的不确定主要包括温室气体排放量估算方法、政策因素、技术进步和新能源开发等方面的不确定性,这对未来气候变化预估有很大的影响。例如同一种模式在不同排放情景下未来气候变化预估结果是不一样的。在低排放情景(RCP4.5)下,区域气候模式和全球气候模式的增温速率分别为 0.18 ℃/10a 和 0.34 ℃/10a;在高排放情景(RCP8.5)下,区域气候模式和全球气候模式的增温速率,分别为 0.32 ℃/10a 和 0.47 ℃/10a。高排放情景下的增温速率大于低排放情景下的增温速率。随着社会经济发展和认识水平的提高,未来排放情景也在不断更新和补充,如过去应用的情景设计是 2000 年完成的 SRES 系列,现在新一代排放情景已经产生——典型浓度路径(王绍武 等,2012)。

(2)气候模式本身的不确定性。气候模式是对真实气候系统的数学描述,由于现阶段人类对气候系统的理解有限,对气候系统中的各种物理化学过程、各种反馈机制及气候变化内在规律及与其他系统的相互作用规律理解有偏差或缺乏认识,使气候模式对气候系统的描述存在误差,无法客观真实的描述气候系统,也会造成气候变化预估的不确定性。

(3)观测资料检验增加不确定性。目前区域气候模式的分辨率在向 15～20 km 及更高发展,用来检验的观测资料有限而且观测资料格点化过程也存在不确定性,不同的插值方法结果也会有差异,因此,对模拟能力的检验认知也会存在误差,也会增加气候变化预估的不确定性。

　　重庆气候变化模拟能力评估表明,区域气候模式和全球气候模式模拟均存在明显冷偏差,全球模式冷偏差更大。区域模式模拟的气温等值线很平滑,能够模拟出重庆气温西高东低大的分布特征,但不能反映由小地形引起的气温高低值闭合中心,如綦江、丰都、万州、开县等地的高值中心和黔江附近的低值中心,主要是由于模式分辨率太低造成。对气候态的模拟,全球模式模拟的气候态变化幅度与观测更为接近,但全球模式模拟的一个很大不足是模拟的年和四季一致偏暖,春夏季的偏冷没能体现,而区域气候模式尽管模拟的气候态变化幅度偏离观测较大,但春季的偏冷变化能够很好体现。相对气温来看,降水模拟的不确定性更大,如气候态变化,区域模式模拟降水除冬季变化一致外,年和其他季节气候态变化则相反;全球模式除年和秋季变化与观测一致外,其他季节变化也呈相反特点。模拟能力误差也受气候模式本身不确定性和观测检验增加误差等多种因素影响,进一步影响未来气候变化预估的不确定性。

8.3　气候变化影响评估的不确定性

8.3.1　气候变化情景的不确定性

　　影响气候变化情景不确定的主要因素包括三个方面:气候模式本身、情景的设置和降尺度技术的不确定性。(1)气候模式本身的不完善是其产生不确定性的重要来源之一。由于影响气候变化的自然因素很多,加之大气—海洋—陆地—冰雪等系统内部的相互作用和反馈,构成了气候变化的复杂性、多样性和计算分析的困难性。(2)情景设定的不确定性。温室气体排放预测是气候模式的重要输入条件,其不确定性也必然会对气候模式的输出结果产生一定的影响。此前IPCC先后发展了两套温室气体和气溶胶排放情景,即IS92(1992年)和SRES(2000年)排放情景,分别应用于IPCC第三次和第四次评估报告。第五次评估报告将使用新情景,即"典型浓度路径":RCP8.5情景、RCP4.5情景、RCP2.6情景。由于将来采取的排放情景不同,气候变化幅度和分布也明显不同。(3)应用技术的不确定性。如降尺度解释应用技术,全球气候模式的输出尺度较大,而为了解决流域下垫面条件的不均匀性,流域水文模型尺度一般较小,因此,很难直接应用全球气候模式输出结果进行区域水资源未来情势的评估。这就是全球气候模式尺度大、区域气候模式小、水文模型尺度更小,在应用中尺度不相匹配的问题。区域气候变化是全球气候模式输出通过降尺度处理得到的,因此,全球气候模式输出结果的不确定性直接衍生了区域气候变化的不确定性。另外,相同的全球环流模式(GCMs)预测结果,采用不同的降尺度分析技术,也会得到不同的区域气候情景。区域气候情景应用到水文模型中,还需要进一步的降尺度处理,进一步带来计算误差。因此,降尺度技术的不确定性也是区域气候变化情景和水文模拟结果不确定的根源之一。

8.3.2　评估模型的不确定性

　　评估模型的不确定性主要来自于模型结果、模型参数及模型的非气候要素输入条件等方面。(1)评估模型结构的不确定性水文循环过程复杂。对于不同的流域,下垫面条件千差万别。流域产、汇流特性不一样,而用于气候变化影响评估的流域水文模型是对陆面水文循环过程的物理概化和数学描述,反映了流域产汇流的一般性规律。因此,选择的评估模型是否适用于所研究的流域、能否客观仿真模拟该流域的陆面水文过程等,即模型结构本身所带来的误差,将不可避免地影响到预测评估结果的确定性。(2)评估模型参数的不确定性。评估模型都是通过模型参数的变化来反映流域的特性,评估模型参数的不确定性是影响评估结果的重要方面。模型参数的不确定性主要来自四个方面。一是用于模型参数率定的资料问题,所有的流域模型均需要很多的水文资料去确定识别模型参数,而一些资料很难得到,常常不得不采用简化或粗估的方法确定。同时,用于率定模型参数的各种资料本身的精度和序列的代表性也影响到参数的代表性和精度,进而影响模拟评估的结果。特别是由于人类活动的加剧和气候变化的加强,流域的水文基本规律也在不断地发生变化,用原来水文序列率定的模型参数不能完全反映现在的流域特性,进而给模拟结果带来一定的误差。二是模型参数识别和优化方法的问题,选择的优化方法是否正确、识别和优化结果是否合理、是否为全系列整体最优、模型参数优化的程度等也将直接影响预测和评估的精度。三是参数区域化问题。模型参数一般用实测资料进行率定识别。而在大尺度区域水资源评估中,不少地区或流域是无资料或资料缺乏,一般用相似流域的参数移植方法来确定。无资料或资料缺乏地区模型参数的确定是目前水文研究中的一个挑战性难题。四是评估模型物理参数的不确定性。一些模型参数可以通过其物理意义直接确定,如 VIC 模型中需要确定植被反照率、叶面指数、气孔阻抗、根带分布以及与土壤特性有关的参数等,但这些参数很大程度上依赖于时间尺度和人为的因素,因此,这些参数的确定本身存在着较大的不确定性。(3)评估模型其他输入信息的不确定性。除了模型参数、气象资料,在水资源系统脆弱性评估中还要求输入区域的可供水能力和需水量等其他涉及工农业发展情景和水利工程等的信息。由于降水、蒸发等气象因子变化对灌溉需水量影响机理方面的知识欠缺,故农业灌溉需水预测中的灌溉定额和灌溉面积预测中都存在一定的不确定性。同时,科学技术的发展及其对各方面的推动作用是关键的影响因素。

8.3.3　评估过程的不确定性

主要包括陆气耦合技术的不确定性及如何考虑未来人类活动对区域水文的影响两个方面。(1)陆气耦合技术的不确定性。气候变化对水资源的影响与大气和陆面过程的相互影响和作用有关。目前,国内外研究大多将大气和陆面水文过程间"离线"的单向联结,应用不同的模型进行完全独立的研究。尚未考虑大气和陆面水文过程间"在线"的双向耦合。这不仅阻碍了水文和气象两个学科的交叉与发展,而且影响了研究成果的完整性和准确性。(2)人类活动对区域水文影响的不确定性。利用水文模型对未来水资源情势的评估中,采用的参数一般由已监测到的水文资料率定或参数移植得到。而在未来的实际中,区域内的人类活动,如水利工程的修建、土地利用覆盖的变化、用水结构的调整都将对流域的产汇流产生一定的影响,即使在气候条件没有发生变化的情况下也会影响到未来的水文情势,而目前常用的评估模型中缺乏对人类活动影响的足够考虑。

8.3.4　研究文献的不完善造成的不确定性

在编写区域影响评估报告中,采用的主要技术方法之一是文献综述。由于文献作者在分析类似问题时所使用的资料站点、资料年代、研究区域、研究方法不同产生分析结论的差异,造成评估结论的不确定性。针对区域某些问题可使用的文献有限,也会带来一定不确定性。

8.4 气候变化评估的不确定性分析

参照 IPCC 不确定性描述方法(孙颖 等,2012),在定性描述气候变化某个结论的不确定性时,IPCC 第五次评估报告根据证据的类型、数量、质量和一致性(如对机理认识、理论、数据、模式、专家判断),以及各个结论达成一致的程度,评估对某项发现有效性的信度。信度以定性方式表示。一般使用"证据数量的一致性"和"科学界对结论的一致性程度"两个指标。本报告参照 IPCC 不确定性描述方法,通过分析结论在图 8-2 中的位置来判断其不确定性特征。在图8-2 中,左下位置 A 的不确定性最大,右上位置 I 的不确定性最小。

图 8-2 不确定性的定性定义
(引自"IPCC 第五次评估报告主要作者关于采用一致方法处理不确定性的指导说明")

观测到的气温和降水变化结论一致性高,证据量充分;其他观测到的气候变化事实结论一致性高,证据量中等。本报告中月、季、年气温资料通过质量控制、均一化检验,剔除部分未通过均一化台站,去掉了因迁移环境差异大或因城市影响资料不均匀台站,已将资料误差尽可能降低。降水使用的区域内 34 个台站的质量控制资料,降水资源受台站搬迁的影响较小。本报告中观测到的重庆地区温度和降水变化的结论,由于各项研究一致性高,研究证据充分,因此,结论应处于图 8-2 中 I 的位置:一致性高,证据量充分。其他观测到的气候变化趋势,虽然通过资料质量控制、剔除缺测过多的站点等已将资料误差尽可能降到了最低,但由于不同资料序列覆盖的长度代表性不同,以及不同研究方法的差异对分析结果会产生影响,其结论应处于图8-2 中 H 的位置:一致性高,证据量中等。

未来气温、降水和极端气候事件的预估结论为一致性中等,证据量中等。本报告中未来气候变化趋势预估,采用国家气候中心提供的全球模式和区域模式数据。全球模式是 WCRP 的耦合模式比较计划—阶段 5 的 21 个全球气候模式经过插值计算和简单平均方法集合的结果,简称 CMIP5 数据。空间分辨率为 1°×1°。区域气候模式为 RegCM4.0 单向嵌套 BCC_CSM1.1 全球气候系统模式的模拟结果,空间分辨率为 0.5°×0.5°。所有预估中的距平值,统一采用相对于常年气候平均值(1986—2005 年)的变化。不确定性主要来自排放情景和模式模拟精度的不确定性。区域气候模式能够模拟出重庆气温西高东低的分布特征,但不能反映由小地形引起的闭合高低值中心;模式对夏季气温的气候态模拟误差最大,年和秋冬季气候态变化有一定的模拟能力。对降水气候态变化的模拟能力不足。同时,由于排放情景的不确定性以及预估结果在不同研究中的差异,未来气温、降水和极端天气气候事件的预估结论应处于图 8-2 中 E 的位置:为一致性中等、证据量中等。

　　气候变化对农业和水资源的影响评估结论为一致性高,证据量中等;对能源和其他行业的评估结论为一致性中等,证据量中等。对于本报告在各行业领域的评估有部分内容是基于出版文献,由于各个文献中评估方法、资料和年代的不同,结果也有所差别,本报告采取了大部分文献结论基本一致的结果。对农业和水资源的评估,由于资料充分,数据基本都能更新到2015 年,加之评估文献充足,应处于图 8-2 中 H 的位置:一致性高,证据量中等;对能源和其他行业的评估,文献和所评估行业相关资料较少,应处于图 8-2 中 E 的位置:一致性中等,证据量中等。

　　上述关于重庆气候变化评估报告不确定性分析结果概括于表 8-2 中。

表 8-2　重庆气候变化评估报告不确定性分析表

观测事实	温度	一致性高,证据量充分
	降水	一致性高,证据量充分
	其他气象要素	一致性高,证据量中等
	极端天气气候事件	一致性高,证据量中等
未来气候变化预估	温度	一致性中等,证据量中等
	降水	一致性中等,证据量中等
	极端气候事件	一致性中等,证据量中等
影响评估	农业	一致性高,证据量中等
	水资源	一致性高,证据量中等
	能源、交通、旅游等行业	一致性中等,证据量中等

参考文献

白莹莹,张焱,何泽能,等,2013.城市化进程对重庆都市圈降水空间分布的影响[J].气象,33(5):592-599.

丁一汇,戴晓苏,1994.中国近百年来的温度变化[J].气象,20(12):19-26.

龚道溢,王绍武,2002.全球气候变暖研究中的不确定性[J].地学前缘,9(2):371-376.

任玉玉,任国玉,张爱英,2010.城市化对地面气温变化趋势影响研究综述[J].地理科学进展,29(11):1301-1309.

孙颖,秦大河,刘洪滨,2012.IPCC 第五次评估报告不确定性处理方法的介绍[J].气候变化研究进展,8(2):150-153.

王绍武,龚道溢,2001.对气候变暖问题争议的分析[J].地理研究,20(2):153-160.

王绍武,罗勇,赵宗慈,等,2012.新一代温室气体排放情景[J].气候变化研究进展,8(4):305-307.

吴增祥,2005.气象台站历史沿革信息及其对观测资料序列均一性影响的初步分析[J].应用气象学报,16(4):461-467.

赵宗慈,1991.近 39 年中国的气温变化与城市化影响[J].气象,17(4):14-16.

Ren G Y, Zhou Y Q, Chu Z Y, et al,2008. Urbanization effects on observed surface airtemperature trends in North China[EB/OL]. J Climate, doi:10.1175/2007JCL1348.1.

附录　重要概念

IPCC：世界气象组织及联合国环境规划署于 1988 年成立了政府间气候变化专门委员会（Intergovernmental Panel on Climate Change，简称 IPCC），旨在就气候变化问题为国际组织和各国决策者提供科学咨询，共同应对气候变化。IPCC 下设三个工作组，第一工作组负责收集总结并提供气候变化的科学事实；第二工作组负责评估气候变化影响与对策；第三工作组主要进行气候变化影响的社会经济分析工作。IPCC 先后于 1990 年、1996 年、2001 年、2007 年和 2013 年发布了 5 次评估报告。2007 年获得诺贝尔和平奖。

标准化相对降水量：将降水相对于其均值和标准差进行标准化，得到标准化相对降水量：

$$R_{ni} = (P_{ni} - P_n)/\sigma_n^P$$

式中，n 为年份（$n=1961,1962,\cdots,2000$）；i 为降水站序号（$i=1,2,\cdots,14$）；R_{ni} 和 P_{ni} 分别为 n 年第 i 个降水站的相对降水量和降水量（mm）；P_n 为年均降水量（mm）；σ_n^P 为降水量年标准差。采用标准化相对降水量的另一个好处是，降水的分布不但可以在一个时期内进行比较，也可以在两个时期间进行比较。

OMR 方法：2003 年 Kalnay 和 Cai 提出利用观测气温与 NCEP/NCAR 再分析气温的差值 OMR（Observation Minus Reanalysis）方法来估算城市化和其他土地利用变化对气候的影响。这种方法的基本原理在于 NCEP/NCAR 再分析资料能够表现出由温室气体增加和大气环流改变等引起的大尺度气候变化，并且由于其同化系统中没有使用地表观测数据，故 NCEP 再分析地表气温资料对城市化和土地利用变化等下垫面状况不敏感，因此，将地表观测气温减去再分析气温就能将局地近地表气温变化信息从全球变暖中剥离出来。

度日：度日是指日平均温度与基础温度的实际离差，分为采暖度日（heating degree days）和制冷度日（cooling degree days）。度日法多用于估计采暖和制冷能源需求。

风寒指数：引入美国 Robert G. Steadman 提出的体感温度指数，包括炎热指数（夏季的体感温度指数）和风寒指数（冬季的体感温度指数），其中风寒指数公式如下：在冬季，持续的强风天气会令我们对冷的感觉来得更强烈。这个风速与人体对外界温度感觉的关系，称为"风寒效应"。风寒指数公式如下：

$$T_{wc} = 13.12 + 0.6215 T_a - 11.37 V^{0.16} + 0.3965 T_a V^{0.16}$$

式中，T_{wc} 为风寒指数（℃），T_a 为干球温度（℃），V 为 10 m 高度风速（km/h）。风寒指数的定义只适合气温低于 10 ℃（50 ℉）且风速大于 4.8 km/h（附表 1）。

积温：某一时段内逐日平均气温累加之和。

净第一生产力（NPP）：指绿色植被在单位面积、单位时间内所累计的有机物数量，是由光合作用所产生的有机质总量中扣除自养呼吸后的剩余部分，是衡量植物群落在自然环境条件下生产能力的重要指标。

附表 1　风寒指数等级划分

风寒指数(℃)	人体感受	健康关注
>−10	凉	身体稍感不舒适
−10≤T<−25	很凉	不舒适,注意保暖
−25≤T<−45	冷	注意脸和四肢的保暖,以防止冻伤
−45≤T<−60	非常冷	严格保护手脸等裸露部位,以防止体温过低带来的危险
≤−60	极冷	户外温度过低,裸露的皮肤极易冻伤

径流:降水中未蒸发和未蒸腾的部分,流过地表并回到水体中。

气候:狭义上指天气的平均状况,在一个时期内相关量的均值和变率做出的统计描述,广义上指气候系统的状态。

气候变化:是指气候平均状态统计学意义上的巨大改变或者持续较长一段时间的气候变动。《联合国气候变化框架公约》将气候变化定义为经过相当一段时间的观察,在自然气候变化之外由人类活动直接或间接地改变全球大气组成所导致的改变。将因人类活动而改变大气组成的"气候变化"与归因于自然原因的"气候变率"区分开。

气候变率:指在所有空间和时间尺度上气候平均状态和其他统计值的变化,变率或许由于气候系统内部的自然过程或由于自然或人为外部强迫所致。

气候预估:对气候系统响应温室气体和气溶胶的排放情景或浓度情景或响应辐射强迫情景所作出的预估,通常基于气候模式的模拟结果。预估是基于相关的各种假设,未来也许会、也许不会实现假设的社会经济和技术条件,因此气候预估具有相当大的不确定性。

气候系统:由五个主要部分组成的高度复杂的系统:大气圈、水圈、冰雪圈、岩石圈和生物圈,以及它们之间的相互作用。

气溶胶:空气中固态或液态颗粒物的聚集体,通常大小在 0.01~10 μm,能在大气中驻留至少几个小时。

潜在蒸散量:充分供水下垫面(即充分湿润表面或开阔水体)蒸发/蒸腾到空气中的水量,又称可能蒸散量或蒸散能力。通常夏季的 PET 较冬季要高,并且越接近赤道的地区、云量越少的情况下,PET 越高。此外,在有风的天气下,由于水分可由地表植被迅速蒸腾,因此,PET 也较高。PET 可以反映出蒸发水所需的能量、可将水汽由地表带入低空大气层的有效风等因素,能够全面地反映出一个地区的蒸发能力。

温室气体:指那些允许太阳光无遮拦地到达地球表面、而阻止来自地表和大气发射的长波辐射逃逸到外空并使能量保留在低层大气的化合物。包括水汽(H_2O)、二氧化碳(CO_2)、甲烷(CH_4)、氧化亚氮(N_2O)、六氟化硫(SF_6)和卤代温室气体等。工业革命以来,人类活动排放导致大气中温室气体浓度迅速上升,破坏了自然平衡,增强了温室效应,造成全球气候增温。

汛期:一年内降水集中的时段,因降水集中经常带来洪汛故名汛期。

岩溶:喀斯特即岩溶,是水对可溶性岩石(碳酸盐岩、石膏、岩盐等)进行以化学溶蚀作用为主,流水的冲蚀、潜蚀和崩塌等机械作用为辅的地质作用,以及由这些作用所产生的现象的总称。由喀斯特作用所造成地貌,称喀斯特地貌(岩溶地貌)。

炎热指数:引入美国 Robert G. Steadman 提出的体感温度指数,包括炎热指数(夏季的体

感温度指数)和风寒指数(冬季的体感温度指数),其中炎热指数公式如下:

$$HI = c_1 + c_2T + c_3R + c_4TR + c_5T^2 + c_6R^2 + c_7T^2R + c_8TR^2 + c_9T^2R^2$$

式中,HI 为炎热指数(℉),T 为干球温度(℉),R 为相对湿度(%);$c_1 = -42.379$、$c_2 = 2.04901523$、$c_3 = 10.14333127$、$c_4 = -0.22475541$、$c_5 = -6.83783 \times 10^{-3}$、$c_6 = -5.481717 \times 10^{-2}$、$c_7 = 1.2287 \times 10^{-3}$、$c_8 = 8.5282 \times 10^{-4}$、$c_9 = -1.99 \times 10^{-6}$。炎热指数的定义只适合气温高于 80 ℉(26.7℃)且湿度大于 40% 的气候条件,其分级标准见附表 2。

附表 2　不同炎热指数等级划分及人体感受

级别	指数范围(℉)	人体感受	健康关注
1	80~90	热,感觉不太舒适	户外工作容易产生身体疲劳,持续户外工作则有可能会导致热痉挛
2	90~105	炎热,感觉难受	室内需要开空调,室外工作可能会出现热痉挛、热疲劳,若持续户外工作则有可能会导致中暑
3	105~130	酷热,非常难受	尽量减少室外活动室外工作易出现热痉挛、热疲劳,若持续户外工作则会导致中暑
4	超过130	极端热,人体难以忍受	尽量避免室外活动

应对气候变化:包括适应和减缓两个方面的内容。适应气候变化是指自然和人为系统对新的或变化的环境做出调整。适应气候变化包括主动适应和被动适应,人类采取主动适应措施比使自然系统恢复其适应气候变化的能力有更大的作用。减缓气候变化是按 IPCC 减缓气候变化工作组的定义,减缓气候变化指人类通过削减温室气体的排放源和/或增加温室气体的吸收汇而对气候系统实施的干预。

资料均一性:是指气候资料只包含气候本身变化信息。资料均一化是指通过客观统计、主观判断等方法在统计学意义上使台站迁移、仪器变更、观测方法改变等对资料均一性的影响尽可能减到最小。

自然生态系统:地球表面未经人类干预的生物群落与无生命环境在特定空间的组合。

水资源总量:降水形成的地表和地下的产水量,以区域总降水量为分析指标。同时考虑气温和蒸散量的变化,能够对水资源总量的变化得到更加全面的认识。

径流量与径流深:径流量是指在某一时段内通过河流某一过水断面的水量,单位为 m³/s,通常用来反映该河流水量的丰沛程度;径流深是指在某一时段内通过河流上指定断面的径流总量(以 m³ 计)除以该断面以上的流域面积(以 km² 计)所得的值,它相当于该时段内将总径流量平均分布于该面积上形成的水深(mm)。

地表水资源量:地表水中可以逐年更新的淡水量,并以天然河川径流量表示其数量和流域地表水资源量,以径流深表示其空间分布特征。

径流量变化归因:即人类活动与气候变化对径流变化的贡献率。将实测径流序列划分为两个阶段:第一个阶段为流域保持天然状态的阶段,将该时期的实测径流量作为基准值;第二个阶段为人类活动影响阶段,认为该时期的实测径流量相对于基准期的变化,是气候变化和人类活动两种因素共同作用的结果。假设两种影响因素相互独立,那么就可以定量区分两因素对径流变化的贡献率,计算步骤如下。

$$\Delta Q = \Delta Q_C + \Delta Q_H$$

$$\eta_C = \Delta Q_C / \Delta Q \times 100\%$$
$$\eta_H = \Delta Q_H / \Delta Q \times 100\%$$

式中，ΔQ 表示影响评价期实测径流相对于基准期的变化总量；ΔQ_C 和 ΔQ_H 分别表示气候变化和人类活动引起的径流变化量；相应地，η_C 与 η_H 表示两种因素对径流变化总量的贡献率。

　　利用水文模型，将影响评价期的天然径流量减去基准期的天然径流量就可以算得气候变化引起的径流变化量 ΔQ_C，而影响评价期的实测径流量与天然径流量之差就是人类活动引起的径流变化量 ΔQ_H。